Lars Franke

50 sagenhafte
Naturdenkmale
in Berlin und Brandenburg

Lars Franke

50 sagenhafte
Naturdenkmale
in Berlin und Brandenburg

Moore · Bäume · Findlinge · Wiesen · Gewässer

steffen verlag

Übersichtskarte

Meyenburg
Freyer
Putlitz
5
321
Karstädt / Prign.
189
Pritzwalk
Lenzen
107
Blumen
Perleberg
Lindenberg
23
Wittenberge
5
Kletzke
Bad Wilsnack
Glöwen
Bred
N
Rhin
Rathe
Prem
Mi
Wu

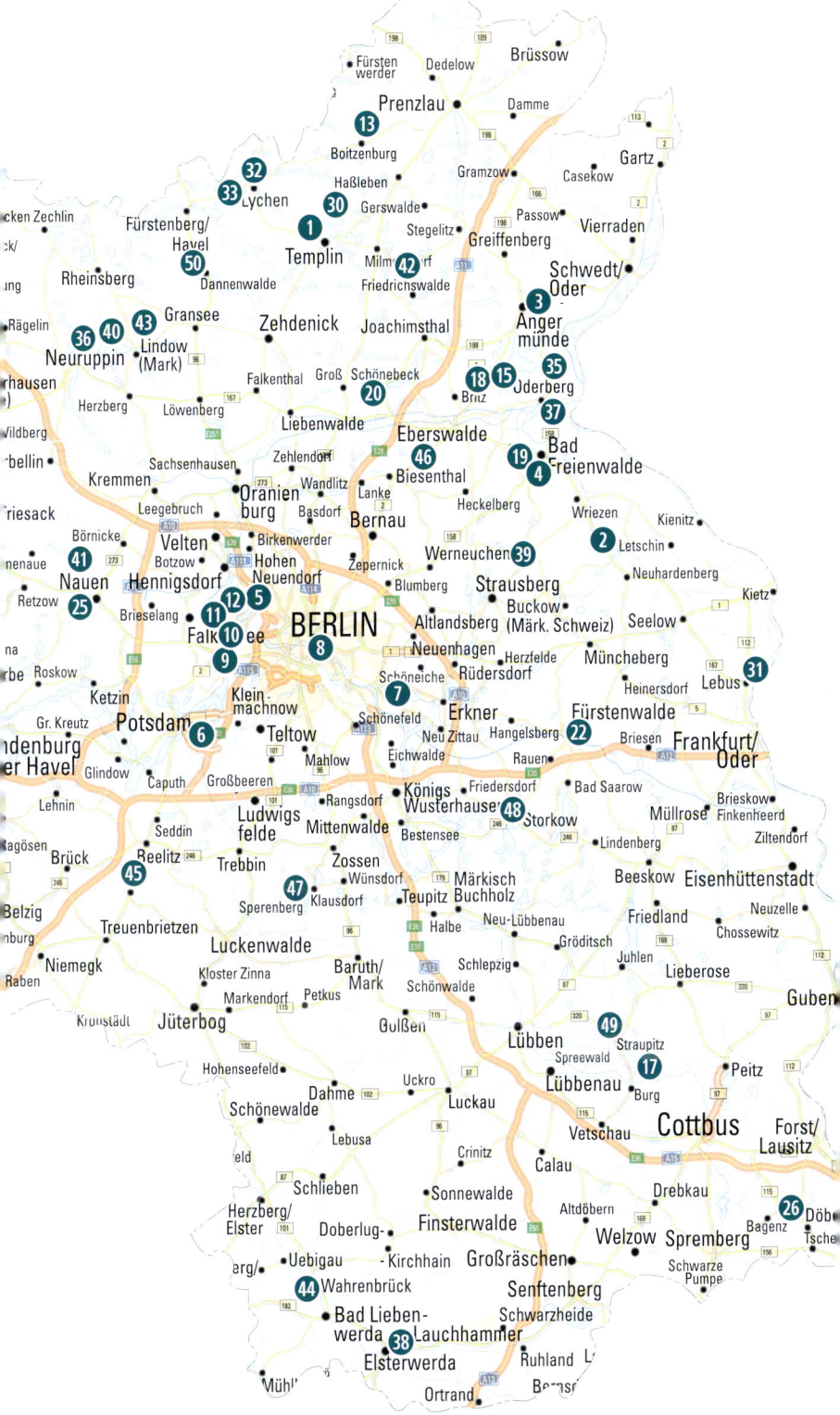

Inhaltsverzeichnis

Die Wächter vom
»Kirchlein im Grünen«

Alt Placht bei Templin

❶ Da war der Mensch weitgehend machtlos. Denn als am 2. August 2012 ein Mini-Orkan über die Uckermark zog, konnte niemand wirklich helfend eingreifen. Auch nicht die Leute in der winzigen Siedlung Alt Placht. Vor der Kirche knickte der Sturm zwei der sechs stämmigen Linden. Eine dritte wurde schwer beschädigt. Von dem Kirchlein selbst zog die Windhose nur das Vordach leicht in Mitleidenschaft.

Alt Placht – eine Fachwerk-Kirche aus dem frühen 17. Jahrhundert

Am 2. August 2012 wurde ein Sturm zum Baumfrevler.

500 Jahre alt sollen die Baumriesen gewesen sein, die zu Boden gingen, und um die 25 Meter hoch. Jeder einzelne galt als Naturdenkmal. Schon zu Zeiten der Entdeckung Amerikas müssen sie hier gestanden haben. Seit 1700 schützen sie das kleine Fachwerkkirchlein mitten im Wald vor Unbilden durch Mensch und Natur. Es muss an der Wende zwischen dem 17. und 18. Jahrhundert gewesen sein, als die Kirche erbaut wurde. Noch litt Brandenburg unter den Folgen des Dreißigjährigen Krieges. Ganze Landstriche waren entvölkert. Dieses

Schicksal war dem Ort Placht schon viele Jahre eher beschieden. Ende des 15. Jahrhunderts wurde das Dorf niedergebrannt, wahrscheinlich von mecklenburgischen Kriegsknechten. Es verschwand samt Kirche von der Bildfläche, und selbst 1687 sprach man noch immer von einer »wüsteney«. Vor diesem Hintergrund riefen die brandenburgischen Fürsten Glaubensflüchtlinge ins Land. Französische Hugenotten ließen sich in der Uckermark nieder. In Alt Placht errichteten sie auf dem Fundament des mittelalterlichen Gotteshauses eine neue Kirche. Auf einem Balken befindet sich die Jahreszahl 1719. Da herrschte in Berlin Friedrich Wilhelm I., genannt der »Soldatenkönig«. Bauhistorische Untersuchungen haben ergeben, dass es wohl französische Bauleute gewesen sein müssen, die hier wirkten. Zumindest die Zimmerleute. Vom Typ gleicht nämlich das Gebäude Bauten im nördlichen Frankreich. Über Jahre hinweg wurde das Haus als Gutskapelle genutzt. Als das Gut in eine Försterei umgewandelt wurde, verlor das Kirchlein immer mehr an Bedeutung. Es verfiel. Vieles ging durch Vandalismus zu Bruch – Kanzel, Empore, Gestühl. Die Glocke wurde nach Berlin verkauft. Dazu kam zu DDR-Zeiten die staatsoffizielle Ignoranz gegenüber Dorfkirchen. Selbst das Kirchenbauamt sprach von einem »Schandfleck«, den man beseitigen müsse. Zum Glück fehlte für einen Abriss das Geld.

Nach dem Ende der DDR fanden sich Enthusiasten aus Deutschland-Ost und Deutschland-West zusammen, um der Kirche neues Leben einzuhauchen. Der inzwischen verstorbene Pfarrer Kasner, der Vater der Bundeskanzlerin Angela Merkel, übernahm die Leitung eines Fördervereins. Im Herbst 1994 fand nach 30 Jahren wieder ein Gottesdienst statt – zum Erntedankfest. Im »Kirchlein im Grünen«, wie es wegen seiner außergewöhnlichen Lage genannt wird.

Seit dem 24. Juni 1995 erklingt auch wieder Glockengeläut. Seitdem wird an diesem Tag, der als Johannistag im christlichen Kirchenjahr zu finden ist, in Alt Placht der Tag des Bodens begangen. Einwohner und Gäste bekennen sich so zur Verantwortung des Menschen gegenüber der Natur.

Die Neugier der Nonnen

Altfriedland bei Neuhardenberg

❷ Ein freundlicher Herr bittet mich auf sein Grundstück, damit ich die legendäre Nonnen-Eiche von Altfriedland besser ablichten kann. Wenn es stimmt, was die Überlieferung erzählt, dann müsste der Baum mehr als ein halbes Jahrtausend alt sein. Eher älter als jünger. Der Umfang des Stammes von fast neun Metern spricht dafür. 1540 kam das Aus für das Zisterzienserinnenkloster wie auch für alle anderen Klöster im Land Brandenburg. Kurfürst Joachim II. reagierte so auf die Einführung der Lehre Luthers. Die Güter der katholischen Ordensgemeinschaften zog der umtriebige Landesherr zu Gunsten des Hofes ein. Damit verlor auch die Stieleiche vor dem heutigen Pfarrhaus ihre Bedeutung als Beobachtungsstand der Kloster-Bewohnerinnen. Ganz korrekt – des ehemaligen Pfarrhauses. Man muss sich die mittelalterliche Ortslage von Altfriedland anders als in der Gegenwart vorstellen. Die heutige Straßenführung irritiert. Das Gelände um das Pfarrhaus gehörte damals offenbar zum Kloster, und so dürfte der fast 35 Meter hohe Baum innerhalb der Klostermauern gestanden haben. Das Pfarrhaus wiederum wurde erst 1633 errichtet – mitten im Dreißigjährigen Krieg. Woher der Ort die Mittel dazu hatte – gleichzeitig wurde nämlich die Kirche saniert – ist nicht mit Bestimmtheit zu sagen. Wahrscheinlich wird der Gutsbesitzer so manches Goldstück dazugegeben haben. Das Altfriedländer Pfarrhaus gilt als das älteste Pfarrhaus im Barnim. Einer Sage zufolge soll sich die Eiche bei den Nonnen großer Beliebtheit erfreut haben. Weil ihnen das Klostertor verschlossen blieb, bestiegen die Damen den Baum und beobachteten aus luftiger Höhe die Vorgänge im Dorf. Nicht nur Fremde wurden ausgespäht, sondern auch Ortsansässige. Mannsbildern pfiff man nach oder warf ihnen unflätige Redensarten hinterher. Man habe sich vom Baume aus sogar zu heimlichen Treffen verabredet, wird den

Die Eiche nutzten die Nonnen als Aussichtsturm.

Der gotische Giebel der Klosterkirche

Schwestern nachgesagt. Richtig ist, dass die adligen Nonnen so sehr gegen die Ordensregel verstießen, dass im 15. Jahrhundert der zuständige Bischof eingreifen und die Bräute des Herrn mit Nachdruck an ihr Gelübde erinnern musste.

Außer Teilen des Refektoriums, dem gemeinsamen Speisesaal, sowie Resten des Kreuzganges und dem ursprünglich gotischen Klosterkirchlein ist von der Anlage der Zisterzienserinnen nichts mehr zu sehen. Und natürlich erinnert die Stieleiche im Pfarrgarten – der Beobachtungsstand neugieriger Nonnen – an die »Glanzzeiten« des Klosters.

Zu Ostern an die Adlerquelle!

Angermünde

❸ Schon eine knappe halbe Stunde kreist der Adler über dem Wolletzsee. Seit Jahrzehnten ist das uckermärkische Gewässer westlich von Angermünde Jagdrevier von Seeadlern. Doch das Beuteschlagen bleibt heute aus. Nichts mit einem Sturzflug aus luftiger Höhe ins Wasser. Demzufolge auch nichts mit einem langsamen Emporsteigen – in den Krallen einen ansehnlichen Fisch. Irgendwann dreht der majestätische Greifvogel ab und verschwindet in Richtung Blumberger Mühle.

Die Adlerquelle ist ein idealer Platz für ungewöhnliche Tierbeobachtungen. Von einer Plattform mit hölzernen Bänken aus hat man einen hervorragenden Blick über den reichlich fünf Kilometer langen See. Gute Wasserqualität sagt man ihm nach. Angler wissen das Gewässer zu schätzen.

Der Wolletzsee – eine Oase zum Entspannen

Unmittelbar unter dem Rastplatz mündet die Quelle in den See.

Doch im Grunde haben Adler, der König der Lüfte, und Adler, der Namenspatron der Quelle, wenig miteinander zu tun.

Die Quelle, die unmittelbar am Ufer plätschernd aus dem Berg tritt, um dann gleich wieder im See zu verschwinden, krönte einst ein Brandenburg-Adler. Das steinerne Wappentier der Hohenzollern-Fürsten stand in seinem »ersten Leben« auf dem Berliner Tor in Angermünde. Als 1879 große Teile der Stadtbefestigung dem wachsenden Verkehr weichen mussten, nahm man die Steine, um eine Quelle am Südwestufer des Wolletzsees einzufassen. Auch der Adler fand Verwendung. Fortan breitete er schützend seine Schwingen über der Quelle aus und sorgte für ihren Namen.

In den Jahren nach der Novemberrevolution von 1918 ist der steinerne Vogel verschwunden. Ebenso sein Zwillingsbruder. Der stand seit 1891 auf einer Gedenkstele für die Toten des Deutsch-Dänischen Krieges. Der Stein erinnerte vor allem an einen Feldwebel namens Probst, der im April 1864 beim Sturm auf die Düppeler Schanzen fiel.

Der gebürtige Berliner, der seinen Dienst in der Garnison in Angermünde leistete, soll schwerverwundet mit der Fahne in der Hand seinen Männern vorausgeeilt sein. Das brachte ihm die lobenden Worte auf dem Stein zu Angermünde ein: »Ein Zeichen Märkischer Treue und Dankbarkeit errichtet vom Kreise Angermünde.«

In den letzten Jahren hat die Quelle so etwas wie Hochkonjunktur bekommen. Beweisen kann das jedoch niemand. Aber Fremdenverkehrsexperten zufolge schöpfen in der Osternacht Einheimische und Gäste hier das legendäre Osterwasser. Dieses Wasser soll schön machen!

Der Brauch ist in vielen Gegenden Deutschlands bekannt. In der Osternacht muss man sich noch vor Sonnenaufgang zu einer Quelle auf den Weg machen und dort Wasser in einen Tonkrug abfüllen. Sowohl auf dem Hin- als auch auf dem Rückweg ist absolutes Schweigen angesagt. Vor Ort sowieso. In der Uckermark muss man unbedingt vor der Dämmerung wieder zu Hause sein. Sonst ist nichts mit Schönheit. Mehr noch: Wer zu spät kommt, dem färbt das Wunderwasser das Gesicht schwarz. Und noch ein Tipp: Bevor man sich nachts zur Adlerquelle begibt, sollte man sich den Weg bei Tageslicht angeschaut haben. Wer vom Parkplatz am Strandbad aufbricht, kann die Adlerquelle im Grunde nicht verfehlen. Immer dem Uferweg mit dem grünen Punkt folgen. Ganz geheuer ist es allerdings nicht an der Quelle. Der Volksglaube meinte lange Zeit, solche Quellen dienten der germanischen Frühlingsgöttin Ostara als Wohnung. Nach ihr wurde das Osterfest benannt. Sie galt unseren Vorfahren auch als Göttin der Anmut und Morgenröte. Da könnte schon etwas von der Wirkung des Osterwassers wahr sein.

Die Heilquelle der Hohenzollern

Bad Freienwalde

❹ 1684 hatte es sich bis nach Berlin herumgesprochen. Das Quellwasser von Freienwalde kann Wunder tun. Fast wie eine Botschaft aus der Bibel musste es klingen: Blinde konnten wieder sehen und Lahme wieder laufen. Das war wahrlich Musik auch in den Ohren des Großen Kurfürsten. Von Jahr zu Jahr ließ die Sehkraft von Friedrich Wilhelm nach. Schon seit Langem plagten ihn Gicht und Rheuma. Kein Schritt ohne Schmerzen. Die Bilder, die ihn hoch zu Ross zeigten, waren Jahrzehnte alt oder nach Erinnerungen gemalt.

So fiel es seinem Kammerherrn und Leibarzt Johann Kunckel nicht allzu schwer, Majestät zu einer Badekur in Freienwalde zu überreden. Was auch immer in jenem Sommer geschehen ist, der Kurfürst

Die Kurfürstenquelle am Rande des Kurparks

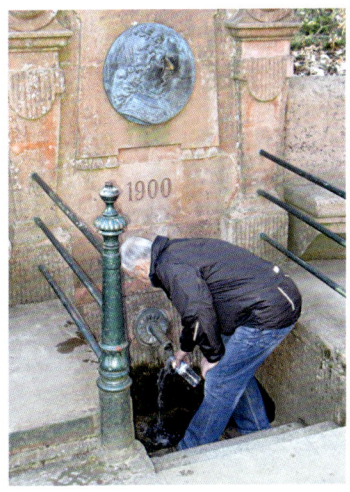

An der Nase des Großen Kurfürsten
zu reiben, bringt Gesundheit

Nach wie vor setzt man auf die
Heilwirkung des Quellwassers

war jedenfalls hochzufrieden mit der Behandlung. So sehr, dass er im
nächsten Jahr wieder anreiste. Sein Beispiel machte Schule. Immerhin
sollen es 1400 Personen gewesen sein, die 1685 dem Städtchen einen
Besuch abstatteten. Gewiss nicht alles Kurgäste. Wahrscheinlich waren es die Moorpackungen, die dem hochadligen Landesherrn Linde-
rung verschafften. Wohl weniger das Wasser aus der Heilquelle. Ob
das eisenhaltige Brunnenwasser tatsächlich einen positiven Einfluss
auf sein Augenleiden hatte, ist nicht nachzuweisen. Jedenfalls gilt
seitdem der Große Kurfürst als Gründer des ältesten Kurbades der
Mark Brandenburg.

Auch sein Sohn muss sich hier wohl gefühlt haben. Vom Erbau-
er des Brandenburger Tores Carl Gotthard Langhans ließ sich König
Friedrich I. von Hohenzollern ein Lustschlösschen errichten. Ganz
aus Holz, so dass das Gebäude schon nach kurzer Zeit wieder abgetragen werden musste. Bei seinem Nachfolger auf dem Berliner
Thron, Friedrich Wilhelm I., genannt der »Soldatenkönig«, dauerte
es einige Jahre, bis er die Vorzüge eines Heilbades erkannte. Erst als

1733 einige seiner Potsdamer Grenadiere in Freienwalde Schmerzlinderung fanden, setzte er sich für den Ausbau der Heilstätte ein. So richtig aber machte erst Friedrich Wilhelm II. Geld locker – 1788 nach einem Besuch vor Ort. Seiner Frau Friederike Luise von Hessen-Darmstadt ist das Schlösschen in Bad Freienwalde zu verdanken, ein Bau des Stararchitekten David Gilly. Die Königin bestimmte den Ort zum Witwensitz und sorgte so dafür, dass sich hier regelmäßig die Hohenzollern-Familie traf. Im frühen 19. Jahrhundert wurde das gesamte Brunnental in eine großzügige Parklandschaft umgestaltet. Die Pläne für den Kurpark entwarf kein Geringerer als Peter Joseph Lenné. Mit dem Heilbad ist der Name eines weiteren Architekturgenies verbunden: Carl Friedrich Schinkel schuf das Klinikgebäude. An der alten Kurklinik macht eine Gedenktafel auf einen anderen Hohenzollern-Herrscher aufmerksam. Sie informiert, dass Kronprinz Friedrich Wilhelm im Juli 1884 anlässlich der 200-jährigen »Jubelfeier« Freienwalde besucht hat. Diesem späteren Kaiser Friedrich III. waren nur wenige Monate auf dem Berliner Thron beschieden. Er starb 1888 an Kehlkopfkrebs.

Nunmehr 160 Jahre gilt Freienwalde offiziell als Moorbad. Seit 1944 schmückt sich die Stadt mit dem Bäderstatus im Ortsnamen. Eine moderne Klinik behandelt seit den frühen 1990er Jahren Patienten mit rheumatischen Problemen sowie bei Erkrankungen der Wirbelsäule oder des Bewegungsapparates.

Nach wie vor erfreut sich auch die Kurfürsten-Quelle allgemeiner Beliebtheit. Seit 1900 ist der Springborn in Stein gefasst. Es gehört bei vielen Kurgästen zum tagtäglichen Muss, sich Flaschen mit dem heilkräftigen Wasser abzufüllen. Die Klinik lässt regelmäßig die Wasserqualität untersuchen und veröffentlicht die Laboranalysen. Und wie ist es mit dem Geschmack? So viele Befragte, so viele unterschiedliche Antworten. Von »schmeckt nach gar nichts« bis »einfach köstlich« reicht die Skala. Und beim »Hilft es wenigstens?« oft ein Schulterzucken. Jedenfalls kann der hohe Kaliumanteil bei Knochenproblemen nichts schaden.

Das »grüne Klassenzimmer«

Berlin-Hermsdorf

⑤ An diesem Morgen ist von Bibern nichts zu sehen. Auch Bäume mit den typischen Nagespuren sind von der Brücke über das Tegeler Fließ nicht zu erkennen. Aber weiter hinten, dort, wo sumpfige Wiesen und Wälder die nachtaktiven Tiere vor neugierigen Blicken schützen, würde sich eine Biberburg befinden. Das bestätigen alle, die am Fließ unterwegs sind. Selbst für den, der tagtäglich vorbeikommt, bedeutet so eine Begegnung mit den bis zu einem Meter langen Tieren etwas Außergewöhnliches. In Berlin soll es wieder 50 Biberpaare geben. In Deutschland haben diese Nager keine natürlichen Feinde mehr. Bären sind verschwunden, und die wenigen Luchse beschränken sich auf die Mittelgebirge. Wölfe, die inzwischen auch nach Brandenburg zurückgekehrt sind, suchen sich ihre Beute auf Wald- und Heideflächen, bevorzugen ehemalige Truppenübungsplätze. In

Das Fließ bietet Wohnraum für Biber und Fischotter.

Eine Bogenbrücke führt durch das »Grüne Klassenzimmer«.

manchen Landstrichen der Mark Brandenburg sind sie zu einer Art Landplage geworden. Das meinen jedenfalls betroffene Bauern im Oderbruch. Am Tegeler Fließ sind Naturfreunde über die Nachbarschaft mit den Bibern nicht unzufrieden. Abflussgräben verfüllte man mit Torf, und so konnte die weitere Entwässerung gestoppt werden. Von der sogenannten Renaturierung profitiert auch der scheue Fischotter, der hier nachts auf Jagd geht. Es grenzt schon an eine kleine Sensation, wenn man den flinken Jäger tatsächlich sieht. Doch im Winter ist seine Anwesenheit durch Spuren im Schnee zu entdecken.

Die Einwohner von Hermsdorf und Lübars im Norden von Berlin sind sich weitgehend einig: Der Eichwerder Steg ist der attraktivste Teil des Tegeler Fließes. Reichlich 30 Kilometer schlängelt sich das Flüsschen durch Brandenburg und Berlin. Eine Quelle bei Basdorf und eine bei Zühlsdorf bilden den Ausgangspunkt. Das Gewässer durchquert Landschaftsschutzgebiete und mündet in Tegel in den gleichnamigen See. Nicht weit entfernt vom ältesten Baum der Bundeshauptstadt, der sogenannten Dicken Marie. Übrigens war das Fließ ein Grenzfluss. Bis 1990 trennte es West-Berlin und die DDR.

Reste der Grenzsicherungsanlagen sind am Köppchensee noch zu sehen. Das Gewässer hatte einst einen guten Ruf wegen seines Fischreichtums. Die mittelalterlichen Gründungen der benachbarten Dörfer gehen mit großer Wahrscheinlichkeit auf diese Gabe der Natur zurück. Heute bevölkern vor allem Plötzen das Fließ, außerdem Hechte und Aale, Karpfen und Zander – insgesamt 17 Arten.

Als Naturlernpfad will die Umweltorganisation NABU den Eichwerder Steg über das Fließ verstanden wissen. Gewissermaßen als »grünes Klassenzimmer«, in dem man Natur hautnah erleben kann. Seit 1927 verbinden eine hölzerne Brücke und ein Erddamm die Berliner Ortsteile Hermsdorf und Lübars. Die fast 150 Meter lange Brücke führt in einem langgestreckten Bogen über das Gewässer. Nur auf diese ungewöhnliche Weise ließ sich für die Pfeiler ein relativ sicherer Halt auf dem sumpfigen Grund finden. Erstaunlich ist, wie viele Leute diese Verbindung durch das romantische Tal nutzen: Radfahrer, die auf dem Weg zur Schule oder zur Arbeit unterwegs sind, oder Jogger und Walker wie auch Hundebesitzer, die ihre vierbeinigen Lieblinge Gassi führen. Am Wochenende lockt der Weg Wanderer und Spaziergänger, auch aus weiter entfernten Berliner Stadtteilen. Wer auf den eigenen fahrbaren Untersatz verzichtet, die Oranienburger S-Bahn bis Hermsdorf nutzt und dann auf den Bus umsteigt, der hat es nicht leicht mit der Orientierung. Doch bisher haben alle die Bogenbrücke gefunden, die ernsthaft danach gesucht haben. Und die Mühe lohnt sich. Der Vergleich mit einem »grünen Klassenzimmer« ist nicht aus der Luft gegriffen. Etwa 50 Tafeln erläutern dem Besucher, mit welchen Tieren und Pflanzen er hier rechnen kann: neben den erwähnten Bibern und Fischottern mit Wasserrallen und Beutelmeisen, mit Eisvögeln und Gebirgsstelzen, mit Schilfrohrsängern und Wachtelkönigen, mit Weißstörchen und Tafelenten. Zu hören ist das Hämmern der Schwarzspechte. Die Artenvielfalt an Insekten ist fast unüberschaubar, stößt aber nicht immer auf Gegenliebe unter den Ausflüglern. Ein Mücken-Überfall kann nicht nur lästig, sondern auch schmerzhaft sein.

Das Silber in der Telte

Berlin-Kohlhasenbrück

6 Die Sache ist mehr als ärgerlich. Die Kohlhas-Eiche im Berliner Ortsteil Kohlhasenbrück – kurz hinter der Kreuzung Königsweg-Bäkestraße – ist nur noch von Eingeweihten als Naturdenkmal auszumachen. Suchen reicht nicht aus. Unbekannte Diebe haben eine Gedenktafel gestohlen, die an ein Ereignis erinnert, das vor fast einem halben Jahrtausend die Gemüter erregte. In Brandenburg und in Sachsen, in Fürstenschlössern, in Bürgerhäusern und den ärmlichen Hütten der Bauern und Knechte. An der Person Hans Kohlhase spaltete sich die Gesellschaft. Für die einen war der Pferdehändler aus Berlin-Cölln ein Held, der sein Recht durchsetzen wollte, für die anderen ein Schwerverbrecher, der die von Gott gewollte Ordnung in Frage stellte. Mit dem Drama »Michael Kohlhas« hat Heinrich von Kleist dem frühbürgerlichen Rebellen ein literarisches Denkmal gesetzt.

Dem historischen Kohlhase war Unrecht geschehen. Ein adliger Rittergutsbesitzer hatte im Oktober 1532 in der Dübener Heide zwei Pferde des Kaufmannes beschlagnahmt. Offenbar in der Annahme,

Unbekannte Diebe haben diese Tafel gestohlen.

Die Kohlhas-Eiche in der zweiten Generation

ein Händler von niederem Stande könnte die edlen Tiere gestohlen oder anderweitig unrechtmäßig in seinen Besitz gebracht haben. Ein Rechtsstreit zwischen Kohlhase und dem Familienclan derer von Zaschwitz zog sich über Jahre hin. Die adligen Räuber wurden von Sachsens Kurfürsten geschützt, und am Ende verlor Kohlhase den Prozessmarathon. Daraufhin warf er denen von Zaschwitz und dem gesamten Land Sachsen den Fehdehandschuh zu. Bis zu 300 Mann stark soll seine Bande gewesen sein, mit der er Dörfer, Kaufmannszüge und einsame Gehöfte überfiel und ausraubte.

Zunächst wurde Kohlhase von den brandenburgischen Kurfürsten unterstützt. Doch als Joachim II. zum Protestantismus übertrat, machten die Hohenzollern mit dem sächsischen Fürsten gemeinsam Jagd auf den »märkischen Robin Hood«. 1539 lässt Kohlhase sich von einem Gefährten überreden, am Griebnitzsee nahe Potsdam einen Transport mit Silber zu überfallen. Das Edelmetall war für die Münze in Berlin bestimmt. Um den Verfolgern zu entkommen, versenkt man das Silber an einer Brücke in der Telte, einem kleinen Flüsschen, an das der Name Teltowkanal erinnert. Auch der Ortsname Kohlhasenbrück hängt mit dem Silber zusammen. Bis heute ist nirgendwo die Rede davon, dass der Schatz jemals gefunden wurde. Noch bevor in Berlin Verhandlungen über eine Rückgabe begannen, wurde Kohlhase ergriffen. In einem nur wenige Stunden währenden Prozess befanden ihn am 22. März 1540 die Richter für schuldig und verurteilten ihn zum Tode. Noch am selben Tag flochten die Henkersknechte Kohlhase auf das Rad und richteten ihn hin.

Die historische Kohlhas-Eiche fiel 1870 einem Blitzschlag zum Opfer und starb ab. Der Baum mit einem Umfang von mehr als vier Metern stammte aus dem 15. Jahrhundert. Am 2. September 1873, als sich die Schlacht von Sedan zum dritten Mal jährte, pflanzte ein vaterländisch gesinnter Gastwirt einen neuen Baum. Die Eiche ist inzwischen etwa 20 Meter hoch. Die anfangs erwähnte Tafel wurde auf den Tag genau 40 Jahre später angebracht. Mehrere Löcher zeigen, wo die gestohlene Visitenkarte des Naturdenkmals befestigt war.

Das »Schloss« der Prinzessin

Berlin-Köpenick

7 Wie am Teufelssee könnte es vor 1000 Jahren überall rund um Berlin ausgesehen haben, als die heutige Bundeshauptstadt noch ein winziges slawisches Fischerdorf war mit einigen wenigen Hütten aus Lehm und Stroh. Dagegen hatte sich Köpenick als Residenz eines Fürsten bereits einen Namen gemacht. Jazo von Köpenick wurde zur Legende, als er sich der Besiedlung durch deutsche Bauern und adlige Feudalherren aus den Gebieten jenseits der Elbe widersetzte und sogar Markgraf Albrecht dem Bären die Stirn bot, um sein Land zu verteidigen. Zunächst recht erfolgreich. Für die deutschen

Das Teufelsmoor – nur wenige Kilometer vom »Alex« entfernt

Ein Rundweg führt um das Moor

Heere war es bereits eine gewaltige Herausforderung, überhaupt in diese unendlichen Sumpfwälder einzudringen. See an See, Moor an Moor erschwerten den Vormarsch. Nach Jahren der Eroberung folgten Jahrhunderte der Trockenlegung. Der Teufelssee in unmittelbarer Nähe des Müggelsees hat sich in unsere Zeit retten können. Der See gehört mit einer Wasserfläche von reichlich 100 mal 150 Metern zu den kleinsten seiner Art im Großraum Berlin. Nach der sogenannten Weichsel-Eiszeit ist das Gewässer entstanden. Von einem mächtigen Gletscher war ein gewaltiges Stück abgebrochen. Sand deckte es zu. Als es wärmer wurde, schmolz das Eis, und es bildete sich der See, den man sich größer als heute vorstellen muss. Immer mehr verlandete das Gewässer und wurde im Laufe der Jahrhunderte zu einem Hochmoor. Gewiss – mit seinen Verwandten am Erzgebirgskamm oder im Schwarzwald kann es das Teufelsmoor in der Köpenicker Bürgerheide nicht aufnehmen. Und mit dem, was die Moore in Schleswig-Holstein und Niedersachsen an Moorleichen »freilegen«, kann man auch nicht mithalten. Doch ganz ohne ist das hauptstädtische Moor auch nicht. Zwar klingt eine Tiefe von gerade zwei Metern alles andere als berauschend, doch dazu kommt eine Schicht von 17 Metern, gebildet aus abgestorbenen Pflanzenresten, Morast und Torf. Ein Lehrpfad führt auf Holzbohlen um den See.

Gut vorzustellen, dass es früher nicht ungefährlich war, sich nachts und allein am Seeufer herumzutreiben. Ein falscher Schritt, und …! So mancher Wanderer wurde nie wieder gesehen. Deshalb warnt ein ganzes Geflecht von Sagen vor Alleingängen. So sei in ausgewählten Nächten – in der Regel am Johannistag – eine verhüllte Frau zu sehen. Eine verzauberte Königstochter aus Böhmen soll sie sein, die auf Erlösung wartet. Vorgeworfen wird ihr eheliche Untreue. Ihr prachtvolles Schloss soll sich angeblich genau an jener Stelle befunden haben, an der sich jetzt der Teufelssee ausbreitet. Die Sage will wissen: Wer die Dame auf seinen Armen nach Köpenick trage und dann um Mitternacht mit ihr dreimal die Kirche umrunde, der kann mit einer Kiste Gold rechnen. Eine andere Sage spricht von einem riesigen Findling. Das soll ein heidnischer Altar gewesen sein, ein Altar aus vorchristlichen Zeiten – also ein Teufelsaltar. Von dem Stein sei in der Johannisnacht ein heller Schein ausgegangen. Habe man sich ihm genähert, dann sei das Leuchten verschwunden. Kindern, so wird erzählt, sei am Teufelssee ein Wassermann erschienen. Der Wassergeist habe sich ebenso wie die verwunschene Prinzessin der Mädchen und Jungen angenommen, die sich im Wald oder Sumpf verlaufen hatten. Zunächst wäre den Kleinen nichts geschehen. Im Gegenteil: Die Kinder sprachen nach der Rückkehr zu ihren Eltern mit Begeisterung über die Begegnung mit den Überirdischen. Doch Tage darauf hätte einige Kinder der Tod ereilt. Das Geheimnis nahmen sie mit ins Grab.

Wer heute zum Teufelssee kommt, wird vergebens nach übernatürlichen Wesen suchen. Wohl aber kann er mit etwas Glück Ringelnattern und Blindschleichen finden, Eidechsen, Kammmolche und Moorfrösche. Seltene Pflanzen wie Sonnentau und Rosmarinheide wachsen hier. Und was den besonderen Reiz ausmacht: Das Moor befindet sich gerade mal ein paar Kilometer vom Zentrum der Weltstadt Berlin entfernt.

Pappel

Der Baum der Freiheit

Berlin-Prenzlauer Berg

8 Wer nicht davon weiß, der findet die »Einsame Pappel« wahrscheinlich nur aus purem Zufall. Kein Reiseführer erwähnt die unauffällige Schwarzpappel im Kultbezirk Prenzlauer Berg. Der knapp 30 Meter hohe Baum steht in der Topsstraße, also in der Nähe der Schönhauser Allee. Der Currywurst-Magnet Konopke ist nicht weit entfernt. Die Pappel befindet sich gewissermaßen vis-à-vis dem Friedrich-Ludwig-Jahn-Sportpark. Man muss um den Baum herumlaufen, um die schlichte Tafel zu entdecken. Nur so wird einem die Bedeutung bewusst.

Vor 150 Jahren sah es hier völlig anders aus. Das Gelände war den Berlinern bekannt und berüchtigt als der »Exer«. So wurde anno dazumal der Exerzierplatz der 2. Garde-Infanterie-Brigade genannt, eine riesige flache Sandfläche, aus der eine Pappel aufragte. Der 26. März 1848 sollte der große Tag der »Einsamen Pappel« werden. Tausende und Abertausende strömten aus der Stadt zu einer Kundgebung auf dem Exer in Richtung Pankow. Die Zahlen schwanken. Zwischen 5000 und 20 000 Menschen könnten es gewesen sein. Es kamen vor allem jene, die den Lebensunterhalt mit ihrer Hände Arbeit verdienten. Aber auch Künstler, Ärzte und sogar »leichte Mädchen« waren mit von der Partie. Es soll die erste organisierte Massenkundgebung in Deutschland gewesen sein. Drei Tage zuvor hatte das Volk von Berlin König Friedrich Wilhelm IV. gezwungen, den Gefallenen der Märzrevolution die letzte Ehre zu erweisen. Der Aufstand war am 18. März ausgebrochen. Seit Wochen hatte es in der Stadt an der Spree gebrodelt. Als Tausende Berliner vor dem Schloss ihren Forderungen nach höheren Löhnen, einer Verfassung und nach einem »einig Deutschland« Luft machten, kam es zu einem Blutbad. Zwei Schüsse fielen. Bis heute ist unbekannt, wer sein Gewehr oder seine

Die »Einsame Pappel« im Kultbezirk Prenzlauer Berg und Informationstafel

Pistole abgefeuert hatte. Und auf wen. Jedenfalls reagierte der König auf der Stelle. »Nehmen Sie Kavallerie und machen Sie dem Spuk da draußen ein Ende«, verlangte er von seinen Generälen. Sein Bruder Wilhelm, der spätere Kaiser, leitete den Feuerüberfall gegen die unbewaffnete Volksmenge. Wenn es stimmt, was man sagt, so kommandierte er persönlich die Batterie auf dem Schlossplatz. Das sollte ihm den Namen »Kartätschenprinz« einbringen. Als sich der Pulverqualm verzog, zählte man 187 tote Zivilisten und 18 gefallene Soldaten. Überall im Stadtzentrum kam es zu Straßenkämpfen.

Barrikaden entstanden. In dieser Situation ließ der König die Aufständischen wissen, er werde ihren Forderungen nachkommen. Der Widerstand gegen die gut ausgerüsteten Truppen fand ein schnelles Ende. Die Volksmassen gaben sich mit dem Wort des Königs zufrieden.

An jenem 26. März wurden an der »Einsamen Pappel« die Forderungen formiert. Eine sechsköpfige Abordnung überbrachte sie am 29. März dem König. Friedrich Wilhelm saß zu diesem Zeitpunkt schon wieder so fest im Sattel, dass er alle Ansinnen ohne Wenn und Aber zurückweisen konnte.

Der Platz um die »Einsame Pappel« blieb indes für viele Jahre der traditionelle Versammlungsort der Berliner Arbeiterschaft.

Diese revolutionären Traditionen sollten auch künftigen Generationen in Erinnerung bleiben. Deshalb wurde zu DDR-Zeiten der Baum zum Naturdenkmal erhoben. Die Originalpappel wurde 1967 gefällt. Der damals mehr als 170 Jahre alte Baum war morsch geworden und drohte umzustürzen. Ein Nachfolger wurde gepflanzt. Der ist zwar gerade mal ein halbes Jahrhundert alt, gehört aber zu den wenigen »grünen Zeitzeugen« von Berlin.

Der Murellenteich und die Todesschlucht

Berlin-Ruhleben

9 Keinen halben Kilometer vom Berliner U-Bahnhof Ruhleben entfernt liegt der Murellenteich. Holzbänke säumen das Ufer. Den unmittelbaren Zugang verwehren Zäune. Baden ist verboten. Der Teich genießt besonderen Schutz, gewissermaßen als eine Oase der Ruhe inmitten der Großstadt. Ab und zu wird die Stille von Hundegebell unterbrochen oder von den Geräuschen der U-Bahn, die auf diesem Streckenabschnitt oberirdisch verkehrt. Wasservögel und Singvögel haben sich angesiedelt. Und neuerdings wagen sich sogar Wildschweine zur Futtersuche bis hierher. Nicht nur in der Nacht oder in der Dämmerung, sondern auch am helllichtem Tag. Zum Unmut von Gassi gehenden Hundebesitzern.

Nur wenige Schritte von der U-Bahn entfernt – die grüne Oase Murellenteich

Einst Militärbadeanstalt – heute ist das Baden verboten

Bei den Berlinern galt der Teich einmal als beliebter Badesee. Man muss sich das Gewässer größer als heute vorstellen, mit einem Steg und einem Sprungturm. Bis in die Mitte der 1930er Jahre wurde der Teich als Militärbadeanstalt genutzt. Da heißt, die Soldaten der Ruhlebener Garnison kamen hier im Gleichschritt anmarschiert, um das Schwimmen zu erlernen. Übrigens: Die benachbarte Militärbadeanstalt Plötzensee machte sogar Geschichte. Dort hatte nämlich 1906 der legendäre »Hauptmann von Köpenick« einen Trupp von Soldaten unter seinen Befehl genommen, um die Köpenicker Stadtkasse zu erbeuten.

Inzwischen als Flächennaturdenkmal ausgewiesen, gilt der winzige See als Pforte zum Murellental. Angenommen, dass Murellen von Morellen abgeleitet wurde, dann hat man wohl wildwachsenden Kirschbäumen diesen ungewöhnlichen Namen zu verdanken.

Reichlich 30 Meter erheben sich die sandigen Abhänge der Schlucht in die Höhe. 150 Jahre lang hatte das Militär hier das Sagen. Zuerst entstand eine Schießschule, später eine Telegrafenschule. Das Tal war mit Schießständen aller Art »gepflastert«. Teile wurden auch in das Verteidigungssystem der Festung Spandau einbezogen. Damals muss der Begriff Schanzenwald entstanden sein. Nach dem Zweiten Weltkrieg übernahmen westliche Alliierte das Gelände. Hier trainierte das britische Berlin-Kontingent den Häuserkampf. Die Stadt an Spree und Havel galt als wahrscheinliches Schlachtfeld im Krieg gegen die Armeen des Warschauer Vertrages. Auch für den Einsatz in Nordirland wurden Soldaten gedrillt. Heute nutzen noch immer Spezialkommandos der Polizei einen kleinen Teil des Übungsgeländes zur Ausbildung für Verbrecherjagden oder für Personenschutzeinsätze.

Kurz vor Kriegsende erlebte die Murellenschlucht ein besonders finsteres Kapitel deutscher Justiz. Von Herbst 1944 bis Frühjahr 1945 starben hier mehr als 300 Wehrmachtsangehörige unter den Kugeln von Hinrichtungskommandos. Es waren Fahnenflüchtlinge oder sogenannte Wehrkraftzersetzer. Sie wurden von Standgerichten oder vom Zentralgericht des Heeres schuldig gesprochen. Die Urteile wurden in der Regel sofort vollstreckt. Rechtsmittel waren unzulässig. Eine künstlerische Installation aus Spiegeln erinnert an das Märtyrium der NS-Opfer vom Murellenberg.

Erstaunlicherweise gut überstanden hat die Tier- und Pflanzenwelt die militärische Ära. Seltene Tierarten sind zurückgekehrt. Biologen haben mehr als 100 Arten von fliegenden Insekten gefunden. Ein Dutzend verschiedene Schmetterlingsarten schaukeln durch das Tal.

Die wiedergewonnene intakte Natur gab es aber nicht umsonst. Fast 21 000 Tonnen Abfälle wurden abtransportiert, 2500 Meter Zäune entfernt. Und statt Wildkirschen umsäumen heute Kiefern und Eichen die Murellenschlucht.

Der Schattenspender auf dem Festungshof

Berlin-Spandau

❿ Der Hinweis war falsch. Die legendäre Festungslinde der Spandauer Zitadelle befindet sich nicht auf der Bastion König. Hier strecken sich vier mächtige Rosskastanien in den havelländischen Himmel. Man nimmt dieses Quartett meist als einen einzigen Baum wahr, so eng ist alles miteinander verflochten. Besonders die Kronen, die auf einen Gesamtdurchmesser von mehr als 35 Meter kommen. Überprüfen lässt sich das alles schwer, denn der unmittelbare Zugang ist dem Besucher verwehrt. Die Bäume sind nämlich in die Jahre gekommen, und mancher Äst droht abzubrechen. Übrigens wurden die vier erst in den 1890er Jahren gepflanzt – auf einer kleinen Anhöhe. Darunter befindet sich seit der Amtszeit des Großen Friedrich ein Vorratskeller. Der Alte Fritz soll befohlen haben, hier Kartoffeln einzulagern. Die Rosskastanien vis-à-vis vom Juliusturm sind sogar von der Spandauer Altstadt aus zu erkennen. Der eindrucksvolle Festungsturm soll nach Expertenmeinung in Teilen aus dem 13. Jahrhundert stammen und wäre damit das älteste Gebäude der Stadt Berlin. Übrigens wurde im Turm nach dem Deutsch-Französischen Krieg der sogenannte Reichskriegsschatz eingelagert. Den Turm hat es schon gegeben, als man im 16. Jahrhundert hier eine der modernsten Festungen Europas errichtete. Als wichtigster Baumeister gilt Rochus von Lynar. Der italienische Edelmann hatte sein Handwerk in Frankreich gelernt, war nicht nur Militär und Architekt, sondern auch ein erfolgreicher Geschäftsmann.

Als er 1596 das Zeitliche segnete, könnte die Winterlinde schon auf dem Festungshof gestanden haben. Man nimmt ein Alter von 500 Jahren an. Im Grunde ist sie leicht zu finden, nur einen Steinwurf

Die Spandauer Festungslinde muss abgestützt werden

vom Torhaus entfernt, zwischen dem Palas und dem Zeughaus. Im Palas, einem gotischen Gebäude aus dem 15. Jahrhundert, wohnten die Kurfürsten samt Familie und Verwandtschaft auf Reisen oder bei Kriegsgefahr, wenn man hinter den Wassergräben und Wällen Schutz suchte. Die Hohenzollern-Familie könnte also durchaus nach dem Promenieren auf den Festungswällen den Baum als Schattenspender

Ein Korsett benötigt der Baum auch

geschätzt haben. Dieser oder jener hochgestellte Staatsgefangene wohl auch. Schon im Mittelalter diente der Keller des Juliusturms als Verließ. Auf der Festung wurden Staatsfeinde festgesetzt – Politiker, Generale, hochkarätige Betrüger. Unter den prominenten Häftlingen befanden sich Premierminister Eberhard Danckelmann und der Begründer der brandenburgischen Flotte Benjamin Raule. Turnvater Jahn erschien den Behörden als äußerst gefährlich und wurde deshalb auch in Spandau »eingelocht«. Nichts ausstehen musste dagegen Friedrich August Ludwig von der Marwitz. Der Gutsbesitzer aus dem Oderland hatte er sich an die Spitze einer Adelsopposition gestellt. Sie wandte sich gegen die Aufhebung von Privilegien, vor allem gegen das Ende der Leibeigenschaft. 1811 wurde von der Marwitz für einige Wochen inhaftiert. Das sollen recht angenehme Wochen gewesen sein. Den Kaffee nahm er mit dem Festungskommandanten ein. Mit ihm ließ er sich per Kutsche durch die Havelregion fahren. Fast täglich empfing er Besuch von Standesgenossen, die ihm ihre Solidarität und Unterstützung versicherten. Seit gut einem halben Jahrhundert genießt die Festungslinde besondere Pflege, steht unter Denkmalschutz. Von der Höhe her gehört sie nicht zu den Riesen, doch ihr Umfang von 5,20 Metern macht Eindruck. In einer zwei Meter hohen Öffnung am Stamm sind Gestänge zu sehen, die die Linde zusammenhalten. Zwischen den Ästen wurden Drahtseile gespannt. Auch von der Seite wird die alte Dame gestützt. Trotz aller Wehwehchen steht der »Baum noch voll im Saft« und könnte sich eines langen Lebens erfreuen. Es gibt Winterlinden, die um die 1000 Jahre alt sein sollen.

Erinnerung an ein Forscherpaar

Berlin-Tegel

⑪ Gottlob Johann Christian Kunth hielt wenig vom Unterricht im Studierzimmer. Der Hauslehrer der Familie von Humboldt zog mit den beiden Jungen hinaus in den Garten vor dem Tegeler Herrenhaus. Wenn es das Wetter nur irgendwie zuließ, setzte man sich unter die alte Eiche und vertiefte sich in den Lehrstoff. Latein und Griechisch wurde gepaukt, moderne Fremdsprachen hatten Alexander und Wilhelm zu lernen. Kunth führte die Jungen ein in die Welt der Naturwissenschaften. Bei Alexander, dem späteren Forscher und Weltreisenden, weckte er das Interesse für Biologie und Geografie. Wilhelm, der in die Politik einstieg und es bis zum preußischen Staatsrat brachte, hatte es die Antike angetan.

Dieser Kunth hatte einen »grünen Daumen«, wie wir heute sagen würden. Der inzwischen weitgehend in Vergessenheit geratene Pädagoge führte die beiden Jungen in die Gärtnerei ein. Das war zwar in adligen Familien selten, aber nicht ungewöhnlich. Von König Friedrich Wilhelm III. und seiner Gattin Luise ist bekannt, dass sie ihre Sprösslinge ausdrücklich ermutigten, auf Schloss Paretz Obst und Gemüse anzubauen.

Der Hauslehrer der Humboldts verstand sich offenbar nicht nur als Erzieher, sondern erwies sich auch als kompetent auf dem Gebiet der Landschaftsgestaltung. So geht der Schlosspark mit allergrößter Wahrscheinlichkeit auf sein Konto. Schon damals war die Eiche weithin sichtbar. Obwohl inzwischen in großen Teilen abgestorben, erreicht sie die stattliche Höhe von 27 Metern. Der Baumstamm kann mit einem Umfang von sechseinhalb Metern aufwarten. 1797 übernahm Wilhelm von Humboldt das Anwesen von seiner Mutter. Doch zunächst fand man ihn selten in Tegel. Als Diplomat vertrat er den preußischen Hof in Rom, Wien und Frankfurt am Main.

Unter der Eiche wurden die Brüder Humboldt oft von ihrem Hauslehrer unterrichtet.

42 · Humboldt-Eiche · Berlin-Tegel

Das Tegeler Schlösschen – eine Schinkel-Arbeit

Zwischen 1820 und 1824 wurde das Herrenhaus völlig umgebaut. Den Auftrag für das klassizistische Schlösschen bekam kein Geringerer als Karl Friedrich Schinkel. Als sich Wilhelm von Humboldt aus dem politischen Berlin zurückzog, gehörten Spaziergänge entlang der Lindenallee zu seinen Lieblingsbeschäftigungen. Seit Ende der 1820er Jahre gab es den Familienfriedhof am Ende des Schlossparks. Auch dafür hatte Schinkel die Pläne erstellt. Über Wilhelms Tochter Gabriele, die einen von Bülow heiratete, und deren Tochter Constanze, eine Verehelichte von Heinz, kam Tegel in den Besitz der Familie von Heinz. Bis heute wohnen die von Heinz im Humboldt-Schloss. Damit kann Tegel einen Rekord aufweisen. Keine andere berlin-brandenburgische Adelsfamilie lebt so lange ununterbrochen auf ihrem Anwesen. Offenbar ist es für die Eigentümer nicht immer einfach, Privatsphäre und den Wunsch der an Geschichte interessierten Öffentlichkeit unter einen Hut zu bringen. Deshalb sind von Zeit zu Zeit der Park und das Schloss mit einem Humboldt-Museum nur eingeschränkt zugänglich.

Traubeneiche »Dicke Marie«

Die Dicke von der Malche

Berlin-Tegel

⑫ Goethe war entzückt. Man schrieb das Jahr 1778, und der junge Mann begleitete seinen Dienstherrn Herzog Carl August auf einer diplomatischen Mission in die preußische Hauptstadt. Im Vorort Tegel – eine halbe Tagesreise von der Residenzstadt entfernt – übernachteten die beiden im heutigen Gasthaus Zum Alten Fritz. Statt Friedrich dem Großen hatten sie nur dessen Bruder Prinz Heinrich sprechen können, und überhaupt fand Goethe Berlin alles andere als einladend. Dagegen machte der älteste Baum von Berlin Eindruck auf den Gelehrten. Die »Dicke Marie« – wie die Traubeneiche liebevoll genannt wird – befindet sich an einer Bucht des Tegeler Sees – der Großen Malche. Unter dem dichten Blätterdach könnte sich Johann Wolfgang von Goethe eine Pause gegönnt haben. Zum Verschnaufen, zum Nachdenken.

900 Jahre alt soll der Baum sein. Immer wieder angegeben wird die Jahreszahl 1107. Damals hatte König Heinrich V. das Sagen. Im Westen und im Süden des Reiches. Hier im späteren Brandenburg siedelten westslawische Völkerschaften.

Selbst wenn anzunehmen ist, dass der Baum einige Jahrhunderte jünger ist, so verdient er nicht weniger Respekt. Sein Durchmesser beträgt knapp zweieinhalb Meter, der Umfang 665 Zentimeter. Mindestens fünf Männer sind nötig, um den Baum zu umfassen. Den Namen Dicke Marie verdankt die Eiche den Söhnen der Familie von Humboldt. Den von Humboldts gehörte das nahegelegene Schlösschen, und die beiden Jungen Alexander und Wilhelm suchten gemeinsam mit ihrem Hauslehrer oft den romantischen Platz am Malche-Ufer auf. Die ausladende Eiche soll sie an die übergewichtige Schlossköchin erinnert haben.

Übrigens ist es 1806 im eher beschaulichen Tegel, also in unmittel-

In der »Dicken Marie« soll ein »Aufhocker« hausen.

barer Nähe, zu Unruhen unter der Bevölkerung gekommen. In Berlin hatte nämlich Napoleon die Quadriga vom Brandenburger Tor entfernen lassen. Als »Beutekunst« wurde sie in Tegel verschifft und auf dem Wasserweg nach Paris gebracht. Die Proteste brachten den Franzosen von seinem Vorhaben nicht ab.

Unter Esoterikern gilt der Platz um die 26 Meter hohe Eiche als ein Kraftfeld der besonderen Art. Nach deren Auffassung würde hier die Erde geheimnisvolle Energie ausstrahlen.

Eine Umarmung ist nicht ohne

Und noch etwas Übernatürliches haftet der Eiche an. Lange Zeit glaubte man, im Inneren des Baumes lebe ein sogenannter Aufhocker. Solche Geistererscheinungen sind eher lästig als lebensgefährlich. Der Aufhocker von Tegel verließ um Mitternacht seine ungewöhnliche Behausung. Wer um die Geisterstunde hier vorbeikam, musste damit rechnen, dass ihm etwas auf den Rücken sprang. Bezeichnenderweise hat niemand das Gespenst gesehen, wohl aber gefühlt, Schmerzen und Atemnot gespürt. Nach einer Weile ließ der Aufhocker sein Opfer los und verschwand. Zurück blieben ein gewaltiger Schreck und der Vorsatz, künftig nachts einen großen Bogen um die Dicke Marie zu machen. Möglicherweise hat Dichterfürst Goethe den Spukerscheinungen von Tegel zu literarischem Weltruhm verholfen. Mit der Walpurgisnacht im Faust-Drama.

Garantie für eine gute Ehe

Boitzenburg in der Uckermark

🔞 Dieser Helenenstein soll sein Lieblingsplatz gewesen sein. Der Lieblingsplatz des Grafen Dietlof Friedrich Adolf von Arnim-Boitzenburg. Das meinen jedenfalls alle, die sich intensiv mit dem Stammbaum des uralten Adelsgeschlechts beschäftigt haben. Möglicherweise war der Stein nur einer der bevorzugten Plätze der Grafenfamilie. Denn auch der Schlosspark, der die Handschrift von Gartenbaugenie Lenné trägt, bot und bietet sich zum Mit-der-Seele-Baumeln an. Was den Helenenstein betrifft, so liegt der mitten im heutigen Naturschutzgebiet Tiergarten. Vom Parkplatz an der Klostermühle gelangt man dorthin. Dank guter Ausschilderung ist die Orientierung in dem Eichen-Buchen-Wald unkompliziert. Wer allerdings den Granitbrocken mit dem Schild Helenenstein gefunden hat, kann sich nur schwer vorstellen, dass man von hier aus einen wunderbaren Blick auf Schloss und Schlosspark hatte. Vor 150 Jahren, denn die Sichtachsen sind zugewachsen. Schon deshalb präsentiert sich heute der Helenenstein als schattig und lauschig. Der Name des Steins gibt Rätsel auf. Wahrscheinlich hat Graf Dietlof mit ihm Trauer und Hoffnung verbunden. Dem Landrat und Reichstagsabgeordneten war 1874 seine Frau Mathilde verstorben, eine geborene von Schweinitz und Krain. Die Schwester der Toten könnte ihm in schweren Zeiten der Trauer seelischen Beistand

Der Lieblingsplatz eines Grafen

geleistet haben. Jedenfalls wird ein Jahr nach dem Tod eine Helene von Schweinitz und Krain zur Gräfin Arnim. Zum Dank ließ dann der Graf den Stein nach seiner zweiten Frau benennen.

Eine weitere steinerne Erinnerung an die Arnims liegt keine 500 Meter entfernt – der »Verlobungsstein«. Der Findling wiegt um die 50 Tonnen. Eine Verlobung im Hause Arnim war Anlass, das gute Stück teilweise freizulegen – oberirdisch zu sehen eine Höhe von knapp zwei Metern und eine Länge von fast sechs Metern.

Unter den Boitzenburgern gilt es als erwiesen: Wer sich an diesem Stein ewige Liebe schwört, der wird mit einer langen und vor allem glücklichen Ehe belohnt. Ein Spruch lässt keine Zweifel offen:

Wollt ihr im Leben glücklich sein?
So trefft euch am Verlobungsstein.
Und wie der Ring den Stein umschlingt,
seid ihr beide auch umringt.
So tief und fest wie dieser Stein
wird später eure Liebe sein.

Der Tiergarten war einst ein »Hutewald«, ein Hütewald. Schweine und Rinder fraßen die unteren Triebe der Bäume ab, so dass die Boitzenburger Eichen mit ihren weit oben angesetzten Kronen in den Himmel hinein wachsen konnten. Später wurde das Gebiet umzäunt und von der Grafenfamilie und ihren Gästen als Jagdrevier genutzt. Seit den 20er Jahren des vergangenen Jahrhunderts bis 1945 wurden im Tiergarten Wisente gezüchtet. Die mächtigen Wildrinder, europäische Verwandte der nordamerikanischen Bisons, müssen sich in der Uckermark – wie auch in der Schorfheide – recht wohl gefühlt haben. Denn immer wieder kommt in Boitzenburg das Gerücht auf, dass in Zukunft erneut Wisente das Naturschutzgebiet bevölkern könnten.

Schweden-Linde

Die Retter der Linde

Brielow bei Brandenburg an der Havel

14 Die Schweden-Linde von Brielow ist nicht zu übersehen. Mit einem Umfang von fast zwölf Metern soll sie der dickste Baum von ganz Brandenburg sein. Wenn die märkischen Heimatforscher Recht haben, dann streckt der Baum seit nunmehr 800 Jahren seine Zweige in die Höhe. Die Wissenschaft hält sich dagegen zurück. Aber auch ihre Vermutung »500 Jahre« wäre ein respektables Alter. Und mit einer Höhe von 24 Metern muss sich der Baum auch nicht verstecken. Er steht auf dem Friedhof des einstigen Fischerdorfes. Wer sich zum Beetzsee bei Brandenburg an der Havel aufmacht, der sollte einen Abstecher zu dem Baumriesen einplanen. Der Name kommt

Unter der Linde soll ein schwedischer Graf ruhen.

Ketten schützen den Baum vor dem Auseinanderbrechen.

nicht von ungefähr. Unter den Wurzeln soll ein schwedischer Offizier seine letzte Ruhestätte gefunden haben. Der Legende nach fiel der Mann im Dreißigjährigen Krieg bei einem Gefecht in unmittelbarer Nähe. Historiker haben alle erdenklichen Chroniken gewälzt, aber nirgendwo ist von einem solchen Gefecht die Rede. Vielleicht wurde der Offizier ganz woanders verwundet und starb auf dem Transport. Oder er erlag einer Krankheit. Hatte man den Leichnam nach Schweden bringen wollen, um ihn in heimatlicher Erde beizusetzen? Solche Ehren kamen aber nur dem Hochadel oder verdienstvollen Feldherren zu. Wie etwa König Gustav II. Adolf, der im November 1632 bei Lützen fiel und dann mit einem beeindruckenden Trauerzug durch halb Deutschland gebracht wurde, um im vorpommerschen Wolgast eingeschifft und in Schweden beigesetzt zu werden. Was nun Brielow betrifft, so soll eine Offizierswitwe, eine schwedische Gräfin, den Platz unter dem ungewöhnlich gewachsenen Baum ausgesucht haben, damit sie ohne Mühe das Grab ihres Ehemannes wiederfinden kann. Das alles soll sich 1632/33 zugetragen haben. Im Laufe der Jahrhunderte ist das Aussehen des Baumes noch markanter geworden. Irgendwann war die Krone so schwer geworden, dass sich der Stamm spaltete. Man könnte meinen, es wären zwei Bäume, die das Grab bewachen. Seit 1880 hält eine eiserne Kette die Hälften zusammen. Als »Baumpate« erwies sich damals der Dorfschmied. Sein Sohn brachte 25 Jahre später eine neue Kette an. Und es war der Enkel, der sich als Dritter aus der Handwerkerdynastie als »Baumdoktor« verdient machte und die eiserne Sicherung erneuerte. Kein Wunder, dass sich Brielow fest mit der »Schweden-Linde« verbunden fühlt.

Riesenbäume und Klostersteine

Brodowin bei Eberswalde

⑮ Auf dem Pehlitzwerder ist es nicht geheuer. Seit Menschenge-denken rankt sich um die Insel im Parsteiner See ein Geflecht von Geheimnissen und Legenden. Sagen erzählen von einem slawischen Dorf, das hier gestanden hat, von dem noch Reste eines Burgwalls zu sehen sind. Und vom Zisterzienserkloster Mariensee, das die Mönche schon nach kurzer Zeit wieder verließen, um sich dann in Chorin nie-derzulassen. Niemand kann mit Sicherheit erklären, weshalb unsere Vorfahren tatsächlich dem Ort den Rücken kehrten. Wahrscheinlich ist das Wasser im See so sehr angestiegen, dass die Gebäude der Ge-fahr ausgesetzt waren, regelmäßig oder vielleicht sogar ständig über-flutet zu werden.

Reste der einstigen Klosterkirche

Nach der Flucht der Menschen wurde der Werder ein Paradies für Tiere. Jeden Sommer trieben Hirten Rinder und Schweine, Ziegen und Schafe auf die Insel und ließen sie unter den mächtigen Bäumen weiden. Die Tiere fraßen die jungen Triebe ab, so dass die Bäume von Jahr zu Jahr an Höhe gewannen. 250 Bäume hat man auf dem Pehlitzwerder gezählt. Manche von ihnen wurden von Wissenschaftlern oder Naturfreunden mit Superlativen versehen. Die Elsbeere gehört mit einer Höhe von 25 Metern zu den größten in Deutschland. Forstexperten der Fachhochschule in Eberswalde schätzen den Baum auf 200 Jahre. Das Holz gilt als besonders fest und wurde früher für Rechenstäbe genutzt. Aus den Beeren wird in Österreich ein beliebter Schnaps gebrannt.

Besonderen Eindruck machen auf jeden Besucher die uralten Eichen – die Stieleichen. Mehrere der freistehenden Bäume sind ein halbes Jahrtausend alt. Im Frühjahr, wenn die Obstbäume blühen, ist eine verwilderte Hausbirne in unmittelbarer Nähe der Klosterruine

Baum-Veteranen – beliebte Fotomotive

ein beliebtes Fotomotiv. Gut zu wissen: Birnen werden nach wie vor in einigen Teilen Deutschlands als Fruchtbarkeits- oder Hochzeitsorakel geschätzt. Tragen die Zweige recht viele Früchte, dann findet sich bald für die Tochter des Hauses ein passender Bräutigam. Dagegen sollte man nie von gelben Birnen träumen. Der Volksaberglaube bringt das mit dem bevorstehenden Tod eines nahen Verwandten in Verbindung.

Der Dichter Theodor Fontane interessierte sich bei seinen Besuchen mehr für die Klosterruine als für die Bäume. Doch dem Reiz des Parsteiner Sees konnte er sich nicht entziehen. So hielt er im Winter 1863/64 fest: »Wir erkennen von hier aus unter den Zweigen der Bäume hindurch die Kirchenstelle und die Hospitalstelle, wir sehen die prächtige alte Lindenallee, die am Nordufer der Halbinsel entlang den dahinter liegenden Schilfgürtel halb verdeckt, und sehen durch die offenen Stellen hindurch die blaue Fläche des Sees, die sich wie ein Haff jenseits des Schilfgürtels dehnt. Dieser weit gedehnte See, überall eingefasst durch prächtig geschwungene Uferlinien, gewährt ein Landschaftsbild voll imponierender Schönheit …«

Doch eine Warnung: Wer auf dem Pelitzwerder mit der Stille von Klöstern rechnet, wird enttäuscht. Seit Jahrzehnten ist das Eiland fest in den Händen der Campingfreunde. Kinderlachen und fröhliches Kreischen an der Badestelle gehören zum Werder ebenso dazu wie das Wispern der Bäume.

Ein Brunnen und die »Fläming«-Störe

Buckau bei Ziesar

16 Es stimmt tatsächlich, im Fläming tummeln sich Störe. Diese schlanken Fische, die seit 1968 in Deutschland als weitgehend ausgestorben galten. Jedenfalls in den Flüssen und Seen wurden die bis zu fünf Meter langen Tiere nicht mehr gefangen.

Was nun den Fläming betrifft, so leben die Störe in einer Fischzucht-Anlage. In Rottstock, ein halbes Dutzend Kilometer von der uralten Bischofsstadt Ziesar entfernt. Wenn man das 800-jährige Buckau passiert hat, kann man die Anlage nicht verfehlen. Wer allerdings dem legendären Buckauer Gesundbrunnen eine Visite abstatten will, der ist gut beraten, sich bei den Fischern nach dem Weg zu erkundigen. Es ist zwar von den Teichen bis zur eigentlichen Quelle

Eisenoxid hat den Brunnen rötlich gefärbt.

nur der berühmt-berüchtigte Katzensprung, aber nirgendwo gibt ein Wegweiser die Richtung vor. Und man muss die Fischer bitten, das hintere Tor zu öffnen. Der gutgemeinte Hinweis »bis zum Wald-rand, und dann ist der Brunnen nicht zu übersehen« hilft manchmal nicht weiter. Das mit dem »Nicht zu übersehen« trifft bestimmt in der kalten Jahreszeit zu, aber im Sommer verdecken Blätter die Sicht und den Zugang zu dem Naturdenkmal.

Hier im eher wasserarmen Fläming tritt ein sogenannter artesischer Brunnen zu Tage. Pro Minute schüttet die Quelle bis zu 70 Liter Was-ser aus. Damit ist der Buckauer Gesundbrunnen der ergiebigste Quell-sumpf im Land Brandenburg. Das Wasser fließt durch eine Schlucht und »bedient« den Fischerhof. Am Boden des Quelltümpels haben sich Eisenhydroxide abgesetzt und den Boden rötlich gefärbt.

Die Fische in den 25 Teichen scheinen sich im Gesundbrunnen-Wasser wohlzufühlen. Neben den erwähnten Stören tummeln sich hier Forellen, Saiblinge und Karpfen. Auch Lachsforellen und Tiger-forellen. Tigerforellen sind Kreuzungen von Bachforellen und Bach-saiblingen und kommen in unserer Region selten vor. Bis zu 70 Zen-timeter lang und fast sieben Kilo schwer können die Exoten werden.

Zum ersten Mal will man die Quelle am 23. Mai 1659 sprudeln ge-sehen haben. Also kurz nach dem Dreißigjährigen Krieg – zu Zei-ten des Großen Kurfürsten. Und weil der Tag auf Pfingstsonntag fiel, hielt man die Quelle für ein Zeichen des Himmels. Fortan wurden ihr heilsame Kräfte nachgesagt. Tatsächlich enthält das Wasser eine hohe Konzentration an Mineralsalzen. Wenn es stimmt, was man sich erzählt, so soll es nach wie vor Leute geben, die auf die Wirkung von Wasser aus dem Buckauer Gesundbrunnen schwören.

Im Lauf der Jahre hat der Bach eine Schlucht in den Boden gegra-ben. Das Tal bietet unzähligen Amphibien eine Heimstatt. So muss-ten in Bachnähe neun Amphibientunnel errichtet werden, damit die Tiere gefahrlos die Bundestraße B 107 über- oder besser unterqueren können. Bis zu 15 000 Amphibien, die sich jedes Jahr auf Wander-schaft begeben, hat man in der Nähe des Forellenhofes gezählt.

Pintschens Quell

Wasser zum Brauen

Byhlen bei Straupitz

17 Immer mehr altehrwürdige Berufe sterben nach und nach aus. Neue kommen dazu. Wo findet man heutzutage noch einen Nagelschmied oder einen Böttcher? Einen Kesselflicker, einen Posamenten-Macher, einen Bader? Ganz zu schweigen von einem Quellwärter. Diesem ehrenwerten Gewerbe ist offenbar ein gewisser Pintschen nachgegangen. Das meinen jedenfalls Heimatforscher, die sich in der Geschichte des Spreewaldes besser auskennen als so mancher Akademiker. Pintschens Vorname ist im Lauf der Jahre in Vergessenheit geraten. Nicht aber sein Amt. Der gute Mann war zuständig für die Reinheit einer Quelle, hatte den ständigen Zufluss des kleinen Gewässers zu überwachen. Es ist anzunehmen, dass Pintschen in Byhlen lebte, einem Dorf in der Nähe des Städtchens Straupitz. Vielleicht hatte er auch eine »Dienstwohnung« auf dem Gelände

Ein Quellwärter namens Pintschen kontrollierte einst die Wasserqualität.

Am kleinen Wasserrad schöpfen die Mädchen Osterwasser.

des heutigen Forsthauses. Von dort aus sind es keine drei Steinwürfe bis zu jener Stelle, an der die Quelle aus der Erde sprudelt. Vier Liter pro Sekunde. Das ist nicht wenig für diese Gegend. Lange kann man das leise Murmeln des Bächleins nicht verfolgen. Das treibt zuerst ein kleines Wasserrad an, verschwindet dann aber wieder in der Erde, um unterirdisch in Richtung Straupitz zu fließen. Es ist von besonderer Reinheit, haben Analysen ergeben. Experten sprechen von Mineralwasser-Qualität. Und das in einem Landstrich, der mit verschmutztem Oberflächenwasser leben musste und muss. Das Wasser von Pintschens Quell hatte einen so guten Ruf, dass es sogar im Straupitzer Schloss zum Bierbrauen genutzt werden konnte. Zur Trinkwasserversorgung wurde zwischen 1820 und 1850 eine sieben Kilometer lange Leitung gebaut. Aus Kiefernholz. Dazu wurden Vier-Meter-Stücke ineinandergesteckt. Teile davon sind im Alten Speicher auf dem Schlossgelände zu sehen. Später hielten Schellen aus Metall die Konstruktion zusammen. Bedenkt man, dass das Gefälle äußerst gering ist, so verlangt diese technische Leistung auch gut 150 Jahre später Respekt ab. Als in der Gegend elektrischer Strom Einzug hielt, hatte sich die Leitung nach Straupitz überlebt. Es war bedeutend einfacher, Brunnen vor Ort zu bohren und das Wasser aus der Tiefe an die Oberfläche zu fördern. Noch bis 1945 hatte Pintschens Quell Bedeutung für die Trinkwasserversorgung. Außerdem wurde das Wasser in Fischteiche eingeleitet. Bei der weiblichen Jugend genießt die Quelle nach wie vor einen hohen Stellenwert, sowohl bei wendischen als auch bei deutschen Mädchen. Denn wer hier zu Ostern noch vor Sonnenaufgang Wasser schöpft und sich damit das Gesicht benetzt, gelangt zu einem schöneren Aussehen. Voraussetzung ist »Schweigen wie ein Grab«!

Plagefenn

Moore, Steine und ein Urwald

Chorin bei Eberswalde

18 Eigentlich ging es damals alles ziemlich schnell. Am 7. Februar 1907 stellte die preußische Regierung das Plagefenn in der Nähe von Chorin unter Naturschutz. Erst wenige Wochen vorher hatte Max Kienitz, Forstwissenschaftler aus Eberswalde, einen entsprechenden Antrag eingereicht. Nichts mit »So schnell schießen die Preußen nicht«. Möglicherweise hatte sich sogar seine kaiserliche Majestät in den Amtsvorgang eingeschaltet. Denn allgemein bekannt ist: Wilhelm II. liebte zwar die Wälder, aber eher der Jagd wegen als wegen ihrer Funktion als »grüne Lunge«. 177 Hektar Forst wurden an diesem Wintertag zum ersten norddeutschen Naturschutzgebiet erhoben. Große Teile wurden ein Totalreservat, das nicht betreten werden durfte. So konnte sich dieses Gebiet in den vergangenen hundert Jahren zu einem richtigen Urwald entwickeln, mit Sümpfen und Moor, umgestürzten Bäumen, seltenen Moosen und Pflanzen. Inzwischen wurde das Naturschutzgebiet auf 1055 Hektar erweitert. In einigen Teilen erlauben die Naturschutzbehörden der Forstwirtschaft eine vorsichtige Nutzung. Durch das Plagefenn führen sowohl von Brodowin als auch vom Kloster Chorin aus romantische und gut begehbare Wanderwege durch die Wald-und-Sumpf-Idylle. Auch von den Wegen aus lassen sich beeindruckende Vogelbeobachtungen machen. Mit etwas Glück sind Schwarzstorch und Seeadler zu sehen. Man hört das Hämmern der Spechte. Kraniche suchen das Plagefenn zum Brüten auf. Eher unwahrscheinlich sind dagegen Begegnungen mit Fischotter und Europäischer Sumpfschildkröte, die ebenfalls im märkischen Urwald Plagefenn leben. Übrigens sollte ein Insektenschutzmittel bei allen Spaziergängen und Wanderungen zur Ausstattung gehören.

Aber zurück zum Naturschutzpionier Max Kienitz. Der Forstbiologe fand in Hugo Conwentz einen engagierten Mitstreiter. Letzte-

Ein Moor im ältesten Naturschutzgebiet in Brandenburg

rer leitete damals die gerade ins Leben gerufene Staatliche Stelle für Naturdenkmalpflege in Deutschland. Vor allem betrieb Conwentz Lobbyarbeit. Gegenüber Regierungsstellen und Abgeordneten, gegenüber Fürstenhäusern und der Wirtschaft. Es ist wohl auch sein Verdienst, dass sich zu dieser Zeit der Landtag in Berlin darauf verständigte, finanzielle Mittel für den Naturschutz in den Haushalt ein-

Das Plagefenn wird zur Ausbildung künftiger Forstexperten genutzt.

zustellen. So wurde in Preußen weltweit zum ersten Mal Naturschutz als staatliche Aufgabe festgeschrieben.

Was Max Kienitz und seine Leidenschaft für den Wald betraf, so war der Mann alles andere als ein abgehobener Wissenschaftler oder ein gesellschaftlicher Aussteiger. Die Feuerschutzstreifen entlang der Bahnlinien waren seine Idee und trugen eine Zeit lang sogar seinen Namen. Während des Ersten Weltkrieges entwickelte er das sogenannte Choriner Harzungsverfahren, um den Rohstoff aus Kiefernwäldern zu gewinnen.

Kienitz und Conwentz hat man im Plagefenn Gedenksteine gesetzt. Ein dritter steht für Alfred Dengler. Auch er war Professor an der Forstakademie in Eberswalde. Er trat die Nachfolge von Max Kienitz als Chef der Lehroberförsterei Chorin an. Frühzeitig beschäftigte sich Dengler mit Vor- und Nachteilen von Monokulturen in der deutschen Forstwirtschaft. Wer aus Richtung Angermünde kommt, findet in der scharfen Kurve vor Kloster Chorin links den Zugang zum Dengler-Weg. Nach knapp zwei Kilometern erreicht man den Dengler-Stein. Dengler und Kienitz sind auf dem kleinen Klosterfriedhof Chorin begraben.

Der Wasserfall des Herrn von Jena

Cöthen bei Falkenberg

19 Er soll der einzige Wasserfall im Land Brandenburg sein. Das »soll« ist angebracht, obwohl bislang noch niemand den Gegenbeweis angetreten hat. Ganz anders als in Tirol oder in Oberbayern werden zwischen Oder und Elbe Wasserfälle nicht zu den Highlights des Fremdenverkehrs gezählt. Selbst im Vergleich mit seinen Verwandten in der Sächsischen Schweiz, dem Amselfall bei Rathen oder dem Lichtenhainer Wasserfall im Kirnitzschtal, schneidet der Wasserfall im Cöthener Park bescheiden ab. Der Cöthener Wasserfall wirkt eher durch seine Schlichtheit! Und noch etwas: Er ist ein Kunstobjekt.

Ein Kunstwerk – der einzige Wasserfall im Land Brandenburg

Seit gut 170 Jahren gehört er zu den Attraktionen des Landschafts-parks Cöthen. Wie auch das schwergewichtige Wasserrad. Es erinnert an die Mühlen-Romantik des 19. Jahrhunderts. Der einstige Grund-besitzer, ein Carl Friedrich von Jena, ließ das Tal zwischen dem Berg-dörfchen Cöthen und der Talgemeinde Falkenberg umgestalten. Zwischen beiden Orte besteht ein beträchtlicher Höhenunterschied. Trotzdem stürzt der Wasserfall aus gerade mal 1,20 Metern in die Tiefe.

Die märkische »Gebirgslandschaft« erinnert an Thüringen, mei-nen jedenfalls schriftstellernde Reisende. Auch Altmeister Theodor Fontane konnte sich der Faszination des Cöthener Tales nicht ent-ziehen: »Es ist eine reich mit Laubholz, namentlich mit schönen Buchen, besetzte Schlucht, durch die sich ein Fließ, ein Bach zieht. Dieser Bach, der in seiner künstlich vielfachen Verzweigung dem Park hier und dort den Charakter eines Elsbruches gibt, ist in Wahrheit der Quell seiner Schönheit überhaupt. Er begleitet uns von Schritt zu Schritt und ist unser Führer durch labyrinthische Gänge. Und nicht genug damit, alle Minuten hält er an, um noch ein übriges für uns zu tun: hier stürzt er sich vom Wehr, aber nur um an nächster Stelle schon als Springbrunnen wieder aufzusteigen; hier treibt er ein Was-serrad, dort speist er eine überlaufende Vase, und aus der langsam sich drehenden Schale spritzen seine dünnen Strahlen zugleich als Schmuck und als treibende Kraft.« Gut beobachtet und gekonnt zu Papier gebracht, Herr Fontane.

Wasserfall und Mühlrad wurden in den vergangenen Jahrzehnten erneuert. So dass sich ein Spaziergang durch das Tal wie anno dazumal als ein geeignetes Mittel zum Entspannen erweist. Angetan war Fon-tane zudem von der malerischen Aussicht vom Paschenberg über das Oderland. Auf der anmutigen Anhöhe über dem einstigen Fischer-dorf Falkenberg hatte sich um 1824 der erwähnte Herr von Jena eine Jagdhütte bauen lassen. Nach seinem Tod entstand dort eine beliebte Ausflugsgaststätte. Seit Generationen ist sie das Ziel von Wochen-endausflügen der Berliner.

Eine Eiche als Namenspatronin

Eichhorst bei Groß Schönebeck

❷⓪ Gut 150 Jahre dauerte es, bis 1878 der Ort am Werbellinkanal in den Rang eines eigenständigen Dorfes erhoben wurde. Laut königlichem Erlass trug die Gemeinde fortan den Namen Eichhorst. Das ist nachvollziehbar. Denn seit Jahrhunderten galt die gewaltige Stieleiche als Wahrzeichen für die Siedlung inmitten der Schorfheide.

500 bis 600 Jahre alt könnte der Baum schon damals gewesen sein. Genau weiß das niemand. Allen, die die Brücke über den Kanal passieren, springt die Eiche ins Auge. Für Wassersportler ist sie eine Orientierungshilfe, dass die Schleuse bald erreicht ist. Besser als im

Als der Werbellinkanal gebaut wurde, verlor die Eiche vier Meter an Höhe.

Aufenthalt unter der Eiche streng verboten!

Sommer ist der 20 Meter hohe Baumriese jedoch im Winter zu sehen. Der Umfang des Stammes ist stattlich – reichlich sieben Meter. Wie viele Menschen nötig sind, um den wuchtigen Stamm zu umfassen, wird in nicht absehbarer Zeit ein Geheimnis bleiben. Ein Schild verbietet nämlich den Aufenthalt unter dem Blätterdach. Abbrechende Äste sind nicht ungefährlich.

Ein zweites Schild macht darauf aufmerksam, dass der Baum vier Meter tief im Erdreich steht. Man hat das Gelände aufgeschüttet, wahrscheinlich im Zusammenhang mit dem Kanalbau. Das geschah zu Zeiten von Friedrich dem Großen. Der hatte den Ausbau des Werbellinfließes zu einem Kanal befohlen. Innerhalb von sechs Jahren entstand eine sieben Kilometer lange Schifffahrtsstraße, die den Werbellinsee mit dem Finow- und dem später erbauten Oder-Havel-Kanal verbindet. Im Zuge des Kanalbaus musste auch der See »Federn lassen«. Der Wasserspiegel sank gleich um mehrere Meter. Durch den Kanal konnte die Papiermühle im heutigen Eichhorst problemlos auf dem Wasserweg erreicht werden. Um den Transit zum Werbellinsee zu ermöglichen, wurden auch gleich zwei Schleusen mitgebaut. Friedrichs Großvater, der erste Hohenzollern-Fürst auf einem Königsthron, hatte 1709 befohlen, »eine Papiermühle auf holländische Art allhier anlegen zu lassen ...«. Bis 1866 wurde »Post-, Konzept- und Schlechtpapier« hergestellt.

Als im ausgehenden 19. Jahrhundert die Fabrik niederbrannte, ging auch das »Industriezeitalter« von Eichhorst zu Ende. Heute ist das Dorf samt der Rieseneiche ein gefragter Ausgangspunkt für einen Spaziergang entlang des Kanals zum Südufer des Werbellinsees.

Sieben Bredow-Brüder oder sieben Offiziere?

Friesack bei Nauen

㉑ Nicht zuletzt war es der alte Fontane, der den Bredows zu literarischer Unsterblichkeit verhalf. Nichts gegen den einstigen Bestseller von Willibald Alexis, der nach und nach in Vergessenheit gerät, nämlich den dickleibigen Roman »Die Hosen des Ritters von Bredow«, doch Theodor Fontane hat es gewissermaßen auf den Punkt gebracht: »Einen besseren Stoff als die Bredows gibt es in der Mark Brandenburg nicht. Sie sind es, an denen man typisch märkische Tugenden und vielleicht auch kleine märkische Schwächen besser studieren kann als an irgendeiner anderen Familie ...« 700 Jahre galt das Havelland als Bredow-Land.

Noch heute findet man an allen Ecken und Enden Spuren dieses uralten Adelsgeschlechts. Die Namen von Dörfern, einstige Herrenhäuser, ja sogar Naturdenkmäler erinnern an die Bredows.

Die Geschichtsschreibung will wissen, dass ihre Ahnherren mit Markgraf Albrecht dem Bär ins Land kamen. Im 12. Jahrhundert – aus der Vorharz-Gegend. In der Zeit, als deutsche Bauern in das bis dahin von slawischen Völkern bewohnte Gebiet eindrangen, Wälder rodeten und Felder anlegten. Als Zisterziensermönche gewaltige Sümpfe in fruchtbares Land verwandelten. Als die katholische Kirche den christlichen Glauben brachte.

Das Städtchen Friesack galt lange als »Bredow-Hauptstadt«. Das Schlösschen neben der Kirche ist verschwunden, wohl aber hält ein ungewöhnlicher Baum das Andenken an das Adelsgeschlecht aufrecht – die Sieben-Brüder-Eiche. Der Baum befindet sich reichlich einen Kilometer hinter der Ortsgrenze an der Straße nach Rhinow, auf einer kleinen sandigen Anhöhe, vom Auto aus nur auf den zweiten

Eine Eiche erinnert an das Geschlecht derer von Bredow.

Die Bredow-Eiche steht an der Straße nach Rhinow.

Blick zu erkennen. Sieben Stieleichen sind zu einem einzigen Baum zusammengewachsen. Gemeinsam haben sie einen Umfang von 15 Metern. Das könnte brandenburgischer Landesrekord sein. Mit einer Höhe von 25 Metern wirkt der Baum überaus erhaben. Die märkische Volkspoesie hat eine plausible Erklärung für die ungewöhnliche Laune der Natur. Der Baum stehe für sieben Bredow-Brüder, die im Havelland das Sagen hatten.

Andere Sagen-Sammler wollten die Eichen als Zeichen für sieben gefallene schwedische Offiziere verstanden wissen. Die Männer sollen sich auf der Flucht vor den Truppen des Großen Kurfürsten befunden haben. Bei einem Scharmützel in der Nähe von Friesack kamen sie ums Leben. Unter dem ungewöhnlichen Baum fanden sie ihre letzte Ruhestätte. Gewiss auch eine Erklärung. Aber den siebenstämmigen Baum gibt es gerade mal reichliche 200 Jahre. Das erwähnte Scharmützel soll sich aber schon 1675 ereignet haben – kurz vor der Schlacht von Fehrbellin, vor knapp 350 Jahren. Baum und Tote lassen sich nicht wirklich in Einklang bringen. Der historischen Wahrheit könnte sich dagegen eine andere Version zumindest nähern. Der zufolge soll es sich bei den Toten um sieben französische Offiziere handeln. Während der napoleonischen Kriege – also Anfang des 19. Jahrhunderts – sind sie in der Nähe gefallen. Jeder der sieben – so erzählt die Legende – habe in seiner Uniformtasche eine Eichel aufbewahrt. Nachdem man die Soldaten bestattet hatte, wuchsen aus dem Gemeinschaftsgrab sieben Eichentriebe.

Die Markgrafensteine –
ein märkisches »Weltwunder«

Fürstenwalde

㉒ Das große Donnerwetter aus Weimar kam zu spät. Die mahnenden Worte des dichtenden Ministers und Universalgelehrten Johann Wolfgang von Goethe stießen in Berlin und Potsdam auf taube Ohren. Es ging um die Markgrafensteine bei Rauen, eines der sieben märkischen »Weltwunder«. Die riesigen Granitblöcke hatte die letzte Eiszeit aus Skandinavien nach Mitteleuropa transportiert. In der Nähe von Fürstenwalde waren sie liegengeblieben. Nun – man befand sich in den 1820er Jahren – sollten die Findlinge zeitgemäß genutzt werden. Es war die Zeit des Chausseebaus. Zerkleinerte Findlinge galten als hervorragende Fundamente für moderne Straßen. Doch in Preußen-Brandenburg wollte man aus dem Größten dieser

Der größte Findling in Brandenburg

Lithografie des Großen Markgrafensteins vor der Zerstörung (Julius Schoppe, 1827)

Markgrafensteine eine gewaltige Schale schlagen. Das sah Goethe als Naturfrevel an: »Es ist nicht von geringer Bedeutung, dass uns dieser Granitfels in seiner ganz kolossalen Lage erhalten bleibt, ehe man ihn, wie jetzt geschieht, zu obgedachten Arbeiten nutzt.«

Der Dichterfürst hat sich nicht durchsetzen können. Der gewaltige Findling mit einem Gewicht von knapp 700 Tonnen und einer Höhe von siebeneinhalb Metern wurde 1827/28 gespalten – damals eine ingenieurtechnische Meisterleistung. Über Holzrollen brachte man den mittleren Teil zur Spree. Nach einem Landweg von knapp fünf Kilometern wurde der grob behauene Stein auf einen Lastkahn verladen und nach Berlin manövriert. Eineinhalb Jahre dauerte der Transport von den Rauenschen Bergen in die Hauptstadt. Ein weiteres Jahr benötigten die Steinmetze, ehe die Granitschale fertig war. Die »größte Suppenschüssel der Welt«, wie die Berliner respektlos das Ungetüm tauften, steht im Lustgarten vor dem Alten Museum.

Der kleine Markgrafenstein blieb bis heute weitgehend unangetastet. Der größte Findling Norddeutschlands wird auf 280 Tonnen geschätzt. Mit einer Höhe von 5,7 Metern gilt er als beliebter

Kletterfelsen für junge Paare. Wer nämlich gemeinsam den Stein erklimmt, dessen Ehe hat Bestand – sagt man jedenfalls.

Seit Menschengedenken sind diese Markgrafensteine von Sagen umwittert. Nach Einbruch der Dunkelheit kann man noch heute ein herzerschütterndes Stöhnen hören. Es stammt von einer Grafentochter, die ein zauberkundiger Riese unter den Stein verbannt hat. Die junge Dame soll von großer Schönheit gewesen sein und habe alle Freier nicht nur abgewiesen, sondern auch mit Spott und Beleidigungen überschüttet. Das ging dem erwähnten Riesen zu weit und er lochte das Mädchen in das steinerne Gefängnis ein. Ihr nächtliches Stöhnen soll junge Männer anlocken, die sie erlösen könnten. Doch die Hürden sind hoch: Der Erlöser muss am Morgen des Johannistages – also am 24. Juni – den Stein dreimal umrunden. Ohne dabei Luft zu holen. Vorher hat er einen roten Kranich und einen gelben Specht zu fangen und beiden Tieren den Kopf abzuschlagen, um vom Blut dieser Tiere zu trinken. Das hat offenbar noch niemand geschafft.

In vorchristlichen Zeiten soll es auf den Rauenschen Bergen ein heidnisches Heiligtum gegeben haben. Dort könnte man durchaus Tiere geopfert haben. Also ist die blutrünstige Episode möglicherweise nicht völlig aus der Luft gegriffen.

Auf den Mark-Brandenburg-Reisenden Theodor Fontane hat das Steingebilde wenig Eindruck gemacht: »Und das sollte nun der berühmte Markgrafenstein sein, eines der sieben märkischen Weltwunder! Ich hatte mir diese Steine halb memnonssäulenartig oder wenigstens als ein paar von der Natur gebildete Riesen-Obelisken gedacht und sah nun etwas Zusammengekauertes daliegen, das genau den Eindruck eines toten Elefanten auf mich machte.« Die Markgrafensteine müssen den Literaturwissenschaftlern seit Jahren als Beispiel dafür herhalten, dass sich auch hochgeschätzte Dichter irren können!

Was den Namen betrifft, so gilt Markgraf Waldemar als Namenspatron. Er ging als der »Falsche Waldemar« in die deutsche Geschichte ein. Im frühen 14. Jahrhundert gab er sich als der verstorbene märkische Landesherr aus. Bis heute ist seine Identität ungeklärt.

Der Riese mit grüner Krone

Gadow bei Wittenberge

㉓ Längst hat der Baum seine besten Jahre hinter sich. Nur noch ganz weit oben kann die Tausendjährige Eiche im Schlosspark Gadow mit Blättern und jungen Zweigen aufwarten. Selbst wenn das Alter ein ganzes Stück zu hoch angesetzt sein sollte – 500 bis 600 Jahre dürften der Wahrheit nahekommen – imposant ist der mächtige Baum allemal. Mit einem Umfang von neun und einer Höhe von 25 Metern sind die Ausmaße dieses Baumveteranen faszinierend – dem kann man sich nur schwer entziehen. Ein Fabelwesen hat jemand die Eiche genannt. Ein geneigter Rumpf, ein hohler Stamm mit Rissen in der Borke, unzählige Narben. Mit etwas Phantasie und bei Herbstnebel könnte man sich durchaus vorstellen, einem Riesen aus den Legenden unserer altgermanischen Vorfahren gegenüberzustehen, einem Riesen mit grüner Krone. Gadow liegt in der Prignitz, im brandenburgischen Nordwesten – nur wenige Autominuten von der Elbe entfernt. Heute gehört das Dörfchen zu Lanz, dem Geburtsort von Turnvater Friedrich Ludwig Jahn. Den Landschaftspark hat die Familie von Moellendorff anlegen lassen. Im 19. Jahrhundert waren solche Landschaftsparks gefragt. Wer es sich finanziell leisten konnte, ließ seinen Barockgarten in einen englischen Landschaftspark umgestalten. Wenn dann noch vorhandene Baumriesen wie im Fall Gadow einbezogen werden konnten, dann war das ein zusätzlicher Gewinn.

Um den Johannistag – das ist der 24. Juni – spukt es im Schlosspark. Auch unmittelbar an der Tausendjährigen Eiche. Augenzeugen wollen einen riesigen Hund mit glühenden Augen gesehen haben. Der »Höllenhund« bewacht einen Schatz. Es ist das legendäre Gold und Silber der Linonen, das irgendwo im Park vergraben liegt. Seit mehr als 1000 Jahren. Im September 929 erlitt das Heer dieses kleinen westslawischen Volkes im Kampf um die Burg Lenzen eine

Die älteste Stieleiche in der Prignitz

Junges Grün an der 1000-jährigen Eiche von Gadow

vernichtende Niederlage. Der König konnte vor den deutschen Rittern fliehen. Den Kronschatz nahm er mit, um ihn im heutigen Park zu verstecken. Unter der »Heiden-Eiche«, wie es heißt. Das Problem aller Schatzsucher: Irgendwann wurde dieser Baum gefällt oder stürzte aus Altersgründen um. So ist die Bergung des Slawenschatzes – wenn es den tatsächlich gibt – eher Zufall.

Viel jünger, aber durchaus nicht weniger beeindruckend als die Eiche sind die »exotischen« Nadelbäume, die die Moellendorffs in Gadow anpflanzen ließen. Die nordamerikanische Hemlock-Tanne und die Colorado-Tanne gehören ebenso dazu wie die Schirmtanne aus Japan.

Wie schön muss eine Quelle sein?

Gräningen bei Nauen

24 Ausgewiesene Naturfreunde und Umwelt-Spezialisten haben den Gräninger Spring eine der schönsten Quellen im Havelland genannt. Ob das »schön« tatsächlich zutrifft, ist durchaus zu bezweifeln. Aber wenn mit schön »schön abgelegen« gemeint ist oder »ganz schön schwer zu finden«, dann haben die Experten recht. Auf Anhieb oder rein zufällig begegnet einem dieses Naturdenkmal nicht. Und schön im ästhetischen Sinne ist das Gewässer wohl auch nicht, denn selbst an heißen Tagen lockt der Quelltümpel nicht zum Baden. Steht aber schön für interessant und außergewöhnlich, dann kann man der Einschätzung zustimmen.

Wer das Auto im 200-Einwohner-Dorf Gräningen stehen lässt, um sich zu Fuß zu der Quelle aufzumachen, der sollte sich vorher genau nach dem Weg erkundigen. Denn der ist nicht ohne. Es gibt zwar

Der Gräninger Spring liegt versteckt in der Landschaft.

Wegweiser, aber die sind so verwittert, dass sich nur mit Mühe das Wort Wanderweg erkennen lässt. Auch die Ortsangaben »am Fuße des großen Berges« oder »am Osthang des Gräninger Berges« verwirren. Mit beiden Bezeichnungen ist das Gleiche gemeint. Zur groben Orientierung: An einer Linkskurve neben einer Bank das Auto abstellen und kurz vor einem Haus rechts in den Wald abbiegen. Und dann weiter zwischen eingezäunten Feldern und Koppeln auf der einen Seite und einer Schonung auf der anderen Seite geradeaus gehen. Wenn dann erneut eine Bank auftaucht, eine mit einem Schutzdach, heißt es rechts abbiegen. Da steht wieder ein Wegweiser, wieder mit dem Hinweis Wanderweg, wieder kaum zu entziffern. Den Pfad muss schon lange niemand mehr benutzt haben. Jedenfalls erreichen die Brennnesseln Brusthöhe. Jetzt ist es nicht mehr weit. Die Feuchtigkeit ist erst zu spüren und dann auch zu sehen. Wenn das Rinnsal und der Weg eins werden, ist man fast am Ziel. In einem Talkessel liegt der Quelltümpel. Etwa 20 Meter im Durchmesser – umstanden von Buchen und Weiden. Vieles spricht dafür, dass einst mehr Wasser ausgetreten ist und der Quelltümpel tiefer als heute war. Als interessant erweist sich der Bach, der das Wasser talabwärts leitet. Der tritt einige Meter unterhalb des Tümpelufers zu Tage. Ein artesischer Brunnen ist es, aus dem Grundwasser sprudelt. Eine wasserundurchlässige Bodenschicht ist dafür verantwortlich. Gleichzeitig wird Sand an die Oberfläche gedrückt. Die Wirbel, die dabei entstehen, lassen den Eindruck zu, der Sand würde kochen. So unvermittelt der Bach entsteht, so schnell ist er schon wieder verschwunden. Keine hundert Meter fließt das Bächlein zu Tale. Dann versickert es in der Erde. Bachschwinde nennt man das Naturphänomen. Anderswo wird von einem »verloren(en) Wasser« gesprochen. Wer eine Runde um den Quelltümpel dreht, wird feststellen, dass es offenbar noch andere Möglichkeiten gibt, um zum Gräninger Spring zu gelangen. Besonders vertrauenswürdig sehen die Wege allerdings nicht aus.

Und was Rollstuhlfahrer und Kleinkinder im Kinderwagen betrifft, so haben die ohnehin keine gute Karten, in unmittelbare Ufernähe zu gelangen.

Seeufer-Platane

Die Platanen im »Borsig«-Park

Groß Behnitz bei Nauen

㉕ Die riesige Platane am Seeufer könnte eine Menge gesehen und gehört haben. Möglicherweise haben unter ihrem Blätterdach die Hitler-Verschwörer zusammengesessen. Mindestens drei Mal zwischen 1942 und 1943 sind die Männer vom sogenannten Kreisauer Kreis in dem havelländischen Dorf zusammengekommen, um über eine demokratische Gesellschaft nach der braunen Diktatur zu beraten. Unter den Widerständlern, die sich auf Einladung von Schlossbesitzer Ernst von Borsig vor allen über die Zukunft der Landwirtschaft austauschten, befanden sich auch die nach dem Attentat von 1944 hingerichteten Hellmut James Graf von Moltke und Peter Yorck Graf von Wartenburg. Borsig, der adlige Gutsbesitzer aus der Berliner Lokomotivbauer-Dynastie, stellte den Umstürzlern das sogenannte Logierhaus zur Verfügung. Gespräche im Schloss waren

Den Eingang flankieren Teile vom Oranienburger Tor.

Die Platane ist ein beliebter Ort für Standesamtzeremonien.

wohl zu gefährlich. Vom Logierhaus bedarf es nur eines Steinwurfes bis zur besagten Platane. So könnte durchaus dieses und jenes Gespräch unter freiem Himmel stattgefunden haben. Hier war man mit Sicherheit noch besser vor Lauschern geschützt.

Seit einem halben Jahrhundert steht die Platane unter Denkmalschutz, obwohl sie nur als die zweitdickste Platane des Landes Brandenburg gilt. Mit einem Umfang von gut sieben Metern fehlen ihr einige Zentimeter zu ihrer Rekord-Verwandten, die ebenfalls in Groß Behnitz zu finden ist. Auch was die Höhe betrifft, kann die

Seeufer-Platane nicht ganz mithalten. Mit 32 zu 33 Metern unterliegt sie nur knapp. Aber sie ist die Attraktivere von beiden. Das wissen junge Paare zu schätzen, die unter dem Baum den Bund der Ehe schließen. Beide Bäume verdanken ihre Existenz dem Grafen von Itzenplitz. Die Adelsfamilie war bis ins späte 19. Jahrhundert hinein Besitzer von Groß Behnitz. Über viele Jahre machte sich Itzenplitz um die Gestaltung des Schlossparkes verdient. Dort setzte Alfred Borsig an, als er 1866 das Gut erwarb. Ein schlossartiges Herrenhaus im Stil der Neorenaissance wurde erbaut und der Park erweitert. Ein ganzes Heer von Gärtnern beschäftigten die Borsigs, um ihre Sommerresidenz samt Umland herauszuputzen. Von einem landschaftlichen Schmuckstück ist die Rede. Das ist nicht nur eine höfliche Redensart. Von der Schönheit des Havellandes kann man sich bei einem einstündigen Spaziergang rund um den Groß Behnitzer See überzeugen. Ein Gewässer mit Trinkwasserqualität, wie es heißt. Das Schloss ist nach 1945 niedergebrannt, die Trümmer wurden abgetragen. Geblieben ist das recht ungewöhnliche Eingangstor. Das rote Backsteinportal und die Skulpturen aus Sandstein stammen aus Berlin. Als dort 1867 die Stadtmauer beseitigt wurde, kaufte Borsig Teile vom Oranienburger Tor. Das stand einst zwischen Friedrichstraße und Chausseestraße. In unmittelbarer Nachbarschaft befanden sich die Werkstätten, in denen die Industriellen-Familie mit der Produktion von Dampfmaschinen und Lokomotiven ihr Imperium aufbaute.

Aus den einstigen Groß Behnitzer Wirtschaftsgebäuden ist ein modernes Hotel- und Tagungszentrum geworden mit viel Platz für Veranstaltungen wie Konzerte und Ausstellungen. Mit Restaurants, die sich der einheimischen Küche verpflichtet fühlen und keinen Vergleich zu scheuen brauchen. Die schönste Aussicht auf den See und auf die Platane am Ufer – da sind sich Gäste und Gastgeber weitgehend einig – hat man vom Restaurant »Seeterrassen« aus. Hier, zu Borsigs Zeiten ein Hühner- und Kälberstall, treffen wir alte Bekannte wieder. Es sind Störe und Forellen aus der Fischerei Gesundbrunnen in Rottstock.

Ertrunken im Trockental

Grubo bei Bad Belzig

27 Die letzten Minuten des jungen Paares müssen dramatisch gewesen sein. Und zugleich tragisch. Völlig aus dem »heiteren Himmel« war das schreckliche Unwetter gekommen. Ein schweres Gewitter mit »Starkregen«, wie man heute neudeutsch sagt. Unsere Altvorderen nannten das »Wasserhose«. Innerhalb weniger Minuten fiel so viel Regen, dass sich Trockentäler in reißende Flüsse verwandelten. Das Wasser riss alles mit, was ihm in die Quere kam. Erdreich und Sträucher sowieso. Auch Bäume, ja sogar kleinere Findlinge. Wehe dem, der sich dort aufhielt.

Wie das erwähnte Paar. Es ertrank in einer Rummel, wie man die kleinen Trockenschluchten im Fläming nennt, nicht weit vom Dorf Grubo entfernt. Für die beiden war es ein besonderer Tag. Am nächsten Morgen wollten sie vor den Traualtar treten. Vielleicht versuchten

So harmlos wie sie aussehen, sind die Fläming-Täler nicht!

sie bei einem Spaziergang, die Einzelheiten der Hochzeit durchzugehen, überlegten, ob man nicht irgendjemand vergessen hatte einzuladen. Eine Erbtante oder einen einflussreichen, wohlhabenden Bekannten. Oder wollte der Bräutigam wissen, ob mit der Aussteuer alles klargeht? Die Sage weiß es nicht. Auch nicht, wann sich der grausame Unfall ereignet hat. Dafür werden die letzten Minuten in allen Einzelheiten beschrieben. Immer höher muss das Wasser gestiegen sein. Bald verlor man den festen Boden unter den Füßen. Es gelang ihnen nicht, die bis zu fünf Meter hohen Seitenwände zu erklimmen. Immer wieder brachen die Ränder der Schlucht ab und verschwanden in den reißenden Wassermassen. Die Kräfte ließen nach. Es blieb am Ende nur der Tod durch Ertrinken. Erst als das Wasser zurückgegangen war, konnte man sich an die Unglücksstelle wagen und die leblosen Körper bergen. Seitdem trägt das Tal den Namen »Brautrummel«.

Ungefähr einen reichlichen Kilometer lang zieht sich das Trockental. Mitsamt den Verästelungen umfasst es eine Fläche von knapp acht Hektar. Das Gefälle liegt bei einem Prozent. Der gut ausgeschilderte Wanderweg ist an manchen Stellen zugewachsen. Eichen, Birken und Kiefern sind zu finden; Platz auch für Wärme liebende Pflanzen wie Kartäusernelke und Frühlings-Fingerhut. Kaum zu glauben, dass dieses anmutige Stückchen Erde zur tödlichen Falle werden kann. In den letzten Jahren ist die Brautrummel von Starkregen und Schmelzwassereinbrüchen verschont geblieben. Wenn es stimmt, was man in der Gegend erzählt, stand 2005 das Wasser einen halben Meter hoch. Rummeln sind typisch für den Fläming. Am Ende der Eiszeit wusch das Schmelzwasser den Boden aus. Als dann im Mittelalter die Bauern die Wälder rodeten, um Felder und Weiden anzulegen, nahm die Erosion zu. Immer tiefer wurden die Schluchten. Über den Namen Rummel ist man sich bis heute nicht einig geworden. Die einen meinen, es bedeute Rinne oder Furche. Andere sind der Auffassung, der Begriff stammt aus Niederdeutschland oder den Niederlanden. Neusiedler könnten »Rummeln« aus ihrer Heimat mitgebracht haben. Dort ist damit Lärmen oder Getöse machen gemeint.

Gipfelkreuz und Gipfelbuch

Hagelberg bei Bad Belzig

28 Es stimmt tatsächlich: Der Hagelberg liegt nur noch auf Rang 3 unter den Bergen des heutigen Bundeslandes Brandenburg. Seit den Landvermessungen im Jahre 2000. Vorher hatten Generationen von Schülern zu lernen: Der reichlich 200 Meter hohe Gipfel ist Spitzenreiter zwischen Elbe, Oder und Neiße. Das war schlechthin falsch, denn Kutschenberg und Heidehöhe sind ein kleines Stück höher. Aber der bekannteste Berg ist die Anhöhe im Hohen Fläming allemal. Wo gibt es schon in unseren Breiten ein Gipfelkreuz und ein Gipfelbuch?

Die Eiszeit vor 140 000 Jahren hat hier ganze Arbeit geleistet. Ihre Gletscher haben den Hohen Fläming samt Hagelberg geformt. Die klimatischen Bedingungen taten ein Übriges.

Beliebt ist die Tour auf den genau 200 Meter und 24 Zentimeter hohen Gipfel ohne Zweifel. Der Europafernwanderweg E 11 von Den Haag bis in die Masuren führt hier entlang. Trotzdem finden natur- und geschichtsinteressierte Spaziergänger genug Ruhe zum Mit-der-Seele-Baumeln. Vor allem der Blick auf die Weiten des Hohen Flämings, der an einigen Stellen an ein Mittelgebirge erinnert, lohnt das Kommen.

Der Hagelberg und das gleichnamige Dorf sind auch durch ihre militärischen Traditionen zumindest Fachleuten bundesweit bekannt. Am 27. August 1813 siegte eine preußische Streitmacht aus 3500 regulären Soldaten und 8000 Landwehrmännern über ein 10 000 Mann starkes französisches Korps. Später stießen russische Kosaken dazu, die die Truppen Napoleons endgültig aus ihren Stellungen vertrieben. Bis dahin galt die preußische Landwehr als »Bauernhaufen«, und man sprach ihren Kämpfern die Eignung für Gefechte ab. Dieses blutige Gemetzel ist auch unter dem Namen »Kolbenschlacht«

Wenn der Berg ruft – das einzige märkische Gipfelbuch

in die Kriegsgeschichte eingegangen. Es hatte nämlich den ganzen Tag über geregnet, so dass das Pulver nass und damit unbrauchbar geworden war. Deshalb kämpften beide Seiten mit Bajonett und Säbel. Auch der Gewehrkolben wurde zur tödlichen Waffe. Zu diesem Zeitpunkt befand sich der Stern von Kaiser Napoleon schon lange im Sinken. Im Oktober sollte dann die Völkerschlacht bei Leipzig die endgültige Entscheidung bringen.

Auf den Tag genau 36 Jahre später wurde in Hagelberg ein Denkmal zur Erinnerung an die Schlacht eingeweiht. Dazu war kein Geringerer als der König aus Berlin angereist. Friedrich Wilhelm IV. markierte damit symbolhaft den neuen Teil seines Reiches. Bis zum Wiener Kongress von 1815 gehörten nämlich Belzig und Umgebung zum Königreich Sachsen. Und auch optisch ließ man keinen Zweifel an der Zugehörigkeit des Hohen Flämings zu Preußen-Brandenburg.

Der Hagelberg im Fläming ist ein Wanderparadies.

Auf dem Sockel thronte nicht wie damals oft üblich Siegesgöttin Viktoria, sondern eine Borussia mit Adlerhelm, Speer und Schild. Als auf Beschluss der Alliierten Preußen offiziell als aufgelöst erklärt wurde, verschwand die Figur. An ihre Stelle kam ein Findling aus Granit. Die Schlacht von Hagelberg passte offenbar gut in die historische Weltsicht der frühen DDR. 1955 entstand ein weiteres Denkmal. Nicht zuletzt, um den »großen Bruder« Sowjetunion zu umschmeicheln, hebt die Inschrift ausdrücklich die »deutsch-russische Waffenbrüderschaft« hervor.

Brunnen sucht Namen

Klein Briesen bei Wiesenburg

29 Im Hohen Fläming sind Naturdenkmale und Wanderwege ausgezeichnet ausgeschildert. Das war nicht immer so. Mit Sicherheit hat der 112. Deutsche Wandertag dazu beigetragen, der 2012 Zehntausende Heimatfreunde aus der gesamten Bundesrepublik in das Drei-Burgenland-Land um Belzig, Wiesenburg und Raben lockte. Der Fläming gilt als wasserarmes Gebiet. Bäche und Teiche werden deshalb intensiv gehegt und gepflegt. Und wenn sie dann noch so jung sind wie der artesische Brunnen von Klein Briesen ganz besonders. So mancher Einwohner kann sich an das Jahr 1980 erinnern, als eine Bohrung eingebracht wurde und das erste Wasser emporsprudelte. Alles ohne Pumpen? Erst war man skeptisch. Doch es funktionierte.

Die Quelle bei Klein Briesen sprudelt seit 1980.

So stand dem Ort zusätzlich Wasser für eine neue Viehtränke zur Verfügung.

Schieben wir die eher akademische Frage, ob so ein artesischer Brunnen tatsächlich ein Naturdenkmal oder eine künstliche wassertechnische Anlage ist, einfach beiseite. Ja, artesische Brunnen müssen zwar von Menschenhand gebohrt werden, doch Mutter Natur leistet danach den Großteil der Arbeit selbst, indem sie das Wasser auf solch ungewöhnliche Weise aus der Tiefe an die Oberfläche drückt.

Seit dem 12. Jahrhundert ist dieses Verfahren bekannt. Zum ersten Mal wurde es wohl in Frankreich angewendet. In der Gegend von Artesien – französisch Artois. Daher ist der Name abgeleitet.

Voraussetzung für artesische Brunnen sind zwei wasserundurchlässige Schichten. Das Wasser dazwischen muss unter Druck stehen. Dann wird es aus eigener Kraft nach oben gepresst. Je nach Jahreszeit und Niederschlagsmengen kann das recht unterschiedlich sein. Manchmal ist es sogar eine Minifontäne. In Klein Briesen dagegen passiert das eher unspektakulär. Das Wasser fließt in unmittelbarer Nähe in den Klein Briesener Bach. Er entspringt etwa 800 Meter vom Dorf entfernt und mündet nach acht Kilometern bei Ragösen in die Temnitz. Es spricht für die Wasserqualität und Naturnähe, wenn inzwischen wieder Edelkrebse, Bachneunaugen und Aale den Klein Briesener Bach besiedeln. Der Bachflohkrebs ist in Mengen zu finden. Das gerade mal 20 Millimeter große Tier ist zum Namenspatron eines Wanderweges geworden. Solche unbelasteten Fließgewässer findet man in Brandenburg nur noch hier und in der Prignitz.

Die rötliche Färbung des Wassers sagt nichts über seine Qualität aus. Im Grunde sind daran die Oxidation und Ablagerung des im Grundwasser gelösten Eisens bei Luftkontakt »schuld«. Seit 1999 ist der Brunnen mit Steinen eingefasst. Es wird gewiss nicht lange dauern, bis man für den Wasserspender von Klein Briesen einen originellen Namen gefunden hat. Denn der Volksmund ist ja bekannterweise in dieser Hinsicht überaus phantasievoll.

Ein echtes Moor, doch ohne Leichen

Knehden bei Templin

30 Die Archäologen im deutschen Nordwesten sind zu beneiden. Immer wieder wurden sogenannte Moorleichen gefunden. Immer wieder stießen Torfstecher auf gut erhaltene menschliche Körper, Funde, die das Leben vor Jahrhunderten besser vorstellbar machen. Waren es Germanen oder Slawen, die hier zum ewigen Schlaf fanden? Was war vorher mit ihnen geschehen? Hatte man sie als Gesetzesbrecher auf diese Weise hingerichtet oder irgendeinem Gott geopfert? Auskunft erwartet die Wissenschaft von Kleidung und Waffen, Schmuck und Hausrat, die man den Toten mitgegeben hatte. Was im Landesmuseum

Das Knehdener Moor hat überlebt.

Im Moor sind seltene einheimische Orchideen zu finden.

Schleswig-Gottorf zu sehen ist, ist nicht weniger interessant als ägyptische Mumien. Die Moore in der Mark Brandenburg sind bescheidener. Da bedeutete schon der Fund einer slawischen Götterfigur in der Nähe von Altfriesack bei Neuruppin eine archäologische Sensation. Dabei war das Land zwischen Elbe und Oder im Mittelalter geradezu berüchtigt für seine unendlichen Sümpfe. Der Zisterzienserorden hat sich große Verdienste bei der Trockenlegung erworben. Und dann waren es brandenburgische Kurfürsten und preußische Könige, die auf diese Weise Acker- und Weideflächen sowie Platz zur Ansiedlung neuer Untertanen gewannen. Im Havelland und in der Prignitz wurden riesige Flächen entwässert. Die Trockenlegung des Oderbruchs war europaweit in aller Munde. Eine ingenieurtechnische Meisterleistung des 18. Jahrhunderts, die eng mit dem Namen Friedrichs des Großen verbunden ist.

Übrig geblieben sind im Grunde nur noch Restflächen. Selbst einge-
fleischte Brandenburger haben noch nie von einheimischen Sümpfen
gehört, den Spreewald mal ausgenommen. Zu diesen Restflächen gehört das Knehdener Moor. Das kleine Dorf Knehden liegt nördlich
von Templin. Rein zufällig gelangt man kaum dahin. Unter Wasser-
sportfreunden und Naturliebhabern hat Knehden einen guten Klang.
Wer sein Paddelboot – Motorboote sind verboten! – am Stadtsee in
Templin einsetzt, kann innerhalb weniger Stunden eine Sumpfland-
schaft erleben, wie man sie im dicht besiedelten Deutschland nur mit
Mühe findet. Ist man noch in der Mark Brandenburg oder schon im
Amazonas-Gebiet, hat jemand überschwänglich gefragt. Höhepunkt
der Paddelboot-Exkursion ist der Netzow-Graben, der Gleuensee
und Netzowsee verbindet – ein Bach mit hoher Wasserqualität. Wer
sich und sein Boot durch das enge Fließ drängt, erlebt eine üppige
Tier- und Pflanzenwelt. Vor allem mit seltenen Vögeln kann dieser
Teil des Naturparks Uckermärkische Seen punkten. Das Klopfen der
Spechte ist allgegenwärtig. Graureiher beäugen misstrauisch jeden
Eindringling, um bei Gefahr elegant davonzufliegen. Einem Eisvogel beim Fischen zuzusehen, ist ein besonderes Erlebnis. Pfeilgerade
stürzt sich der buntschillernde Vogel ins Wasser, um mit einem sil-
bern glänzenden Fisch im Schnabel zu verschwinden. Biber, die sich
hier angesiedelt haben, sind tagsüber beim Schwimmen eher selten
anzutreffen. Sie sind nachtaktiv und verlassen in der Regel erst bei
Dämmerung ihre Burgen. Noch weniger ist die Europäische Sumpfschildkröte zu entdecken. Die Naturschützer sind offenbar darüber
nicht wirklich traurig. Mehr noch: Manchmal hat man das Gefühl,
sie wollten das seltene Kriechtier vor Touristen verstecken wie einen Goldschatz. Nicht ganz so schwer, aber auch nicht auf den ersten Blick, sind Orchideen zu finden. Als man vor einigen Jahren das
Hellgelbe Knabenkraut nachweisen konnte, eine recht seltene Art,
galt das als ein hoffnungsvolles Zeichen für den Artenschutz in der
Uckermark.

Die Pontischen Hänge der Mark

Lebus bei Frankfurt (Oder)

31 Dieses Naturschauspiel ist nur einmal im Jahr zu erleben – im zeitigen Frühjahr zwischen Ende März und Mitte Mai, wenn auf den Pontischen Hängen die Adonisröschen blühen. Dann verwandeln sich die Wiesen an der Oder in ein gelbes Blumenmeer. Richtig gelesen – die Pontischen Hänge. Wer sich mit einer klassischen Bildung schmeicheln kann, sich an ein paar Brocken Altgriechisch oder Latein erinnert, dem könnte im Gedächtnis haften geblieben sein: Unter pontos verstand man in der Antike das Schwarze Meer und die umliegenden Landschaften. In weiten Teilen trocken, warm und gebirgig. Auf Steppenboden und Halbsteppenboden hielten sich die landwirtschaftlichen Erträge in Grenzen.

Ein Stück asiatischer Steppe ist auch im Osten der Mark Brandenburg zu finden. Unmittelbar an der Oder – in Sichtweite zu Polen. Nun sind die sogenannten Pontischen Hänge an der Oder an keiner Stelle höher als 45 Meter. Auch die Größe des Lebuser Naturschutzgebietes kann nicht einmal in Ansätzen mit den endlosen Weiten der Steppen mithalten. Doch ein Erlebnis ist so eine Expedition in die Gegend zwischen Mallnow und der einstigen Bischofsresidenz Lebus allemal.

Keine andere Gegend in Deutschland kann mit solchen Blumenwiesen aufwarten. Das Frühjahr-Adonisröschen – wie die Pflanze exakt heißt – gehört zu den Hahnenfußgewächsen. Es ist giftig, sehr giftig! In all seinen Teilen. Die Wirkung ist ähnlich der des Roten Fingerhuts. Es stellen sich Erbrechen, Durchfall und Krämpfe ein. Schafe, die die Hänge an

Zwischen März und Mai blühen die Adonisröschen.

Blick über die Oder auf das polnische Ufer

der Oder abweiden, rühren die Pflanze nicht an, sondern fressen sich rund herum. Besonders starke Wirkungen soll das Adonisröschen bei Pferden und Hunden, Katzen und Hasen hervorrufen. Wie das bei Giften oft ist, gilt die Pflanze, richtig dosiert, als wirksames Medikament. Vor allem bei Herzbeschwerden sollen ihre Präparate helfen. In der Volksmedizin des Mittelalters setzte man die Pflanze gegen Fieber und Entzündungen ein, sogar gegen geschwollene Füße. Wegen der giftigen Bestandteile verbietet sich das Experimentieren mit dem Adonisröschen von selbst. So ergibt es also noch mehr Sinn, dass die Pflanze unter Naturschutz steht und deshalb nicht gepflückt werden darf.

Ihren Namen hat die in Mitteleuropa seltene Blume auch aus dem alten Griechenland mitgebracht, aus der weitverzweigten Welt der Götter und Halbgötter. Adonis galt als Gott der Schönheit. Als seine Geliebte nennt die Legende die ebenso schöne Aphrodite. Auf sie hatte aber Gottvater Zeus ebenfalls ein Auge geworfen. Die attraktive Dame ließ all sein Werben ungehört. Nun griff Zeus zu einer List. Er bezog Kriegsgott Ares in seine Intrige ein. Dieser Ares verwandelte sich in einen riesigen Eber und zerfleischte Adonis. Nun muss das sogenannte schlechte Gewissen den Gottvater gequält haben. Jedenfalls handelte Zeus mit Hades, dem Herrscher über die Unterwelt, einen Deal aus. Jedes Jahr darf Adonis wieder auf die Erde kommen. In manchen Versionen als blutroter Fluss – in anderen als feuerrote Blume. Die Blumen sollen die Tränen von Aphrodite sein. Das Blut des Jünglings hätte sie so verfärbt, heißt es.

Übrigens ist das rote Frühlings-Adonisröschen auch unter dem Namen Teufelsauge bekannt. Ein Hinweis auf die teuflische List von Gottvater Zeus und ein Wink mit dem Zaunpfahl auf die teuflische Wirkung der Pflanze. Seit einigen Jahren führt südlich von Lebus ein Adonisröschen-Lehrpfad zu den Blumenwiesen. Ist die Blütezeit vorbei, findet man dort fast die gleiche Ruhe wie in den riesigen asiatischen Steppen.

Für Muscheln reserviert

Lychen in der Uckermark

32 Wenn in Brandenburg die eigentliche Wassersportsaison beginnt, dann ist gewöhnlich Schluss mit Kanutouren auf dem Küstriner Bach. Immer wenn der Pegel des kleinen Fließgewässers die 30-Zentimeter-Marke unterschreitet, kommt das Aus für Wasserwanderer. Ohnehin darf der Bach nur in eine Richtung befahren werden. In Fließrichtung – also vom Krüseliner bis zum Oberpfuhlsee bei Lychen. Und den Bach per Fuß zu durchwaten ist auch tabu. Niedrige Wasserstände sind seit Menschengedenken das Problem des Küstriner Bachs. Oder besser das Problem seiner Nutzer. Hier wurde jahrhundertelang Flößerei betrieben. Waren die Baustämme in Lychen angelangt, ging es weiter in die Werften der Küstenstädte. Holz aus der Uckermark war im 19. Jahrhundert auf fast allen Meeren der Welt zu finden.

Obwohl das Gewässer gewissermaßen »am Ende der Welt« liegt,

Ein Pegel unter 30 Zentimeter bedeutet »Stopp« für Kanuten.

In Schlangenlinien fließt der Bach durch den uckermärkischen Urwald.

nämlich im äußersten Norden von Brandenburg, fast schon in Mecklenburg, ist die elf Kilometer lange Tour schon lange kein Geheimtipp mehr. Bootswanderer kommen aus allen Ecken und Enden Deutschlands in die Uckermark, um die Romantik eines weitgehend unberührten Stückchens Erde hautnah zu erleben. Und viele der einheimischen Paddler kommen immer wieder. Jedes Mal bietet der Bach neue Entdeckungen. Der Eisvogel hat hier sein Revier. Mit etwas Glück sind auch am helllichten Tag Biber zu sehen.

Aber vor allem ist der Küstriner Bach das Reich der Bachmuschel, auch bekannt unter dem Namen Kleine Flussmuschel. Fast überall zwischen den Alpen und den Küsten von Nord- und Ostsee sind die Tiere verschwunden. Der uckermärkische Bach gehört zu den wenigen Gebieten, in denen eine Population überlebt hat. Doch auch die ist gefährdet. Nicht so sehr durch natürliche Feinde wie den hier lebenden Fischotter oder anderswo die aus Nordamerika eingeschleppte Bisamratte. Für beide bilden die bis zu zwölf Zentimeter großen Muscheln eine ausgesprochene Delikatesse. Hauptsächlich gefährdet der Mensch den Bestand. Wenn der Pegel unter die erwähnten

Auch auf dem Küstriner Bach wurde geflößt.

30 Zentimeter sinkt, streifen die Boote die Muschelbänke und stoßen Muscheln aus dem Sandboden. Die Tiere müssen verhungern. Oder wenn aus Paddlern Treidler werden, die ihre Kanus wegen des niedrigen Wasserstandes ziehen und so unbeabsichtigt die Muscheln zertreten. Und dann sind es noch überschüssige Nitrate, die durch Überdüngung der Felder in die Bäche gelangen. Ein etwa vier Kilometer langer Abschnitt des Baches zwischen dem Wehr IV in der Nähe des Dorfes Küstrinchen und dem Wehr Fegefeuer ist besonders vom Niedrigwasser gefährdet. Hier kann man ein Bootshuttle telefonisch bestellen. Oder mit dem eigenen Bootswagen den Landweg nutzen. Mehrere Pegel zeigen an, wo der Bach für Personenverkehr gesperrt ist. Trotz dieser Hindernisse nimmt die Zahl der Kanuten von Jahr zu Jahr zu. Nun hört sich ein Gefälle von neun Metern auf elf Kilometern nicht gerade berauschend an, doch für ein Gewässer in Norddeutschland bedeutet das durchaus eine attraktive »Hausnummer«. Die Paddel müssen also meist lediglich zur Kurskorrektur benutzt werden. Auch das überrascht bei einem Wassersport-Gewässer im nördlichen Brandenburg.

Ein Moor im Land der Flößer

Lychen in der Uckermark

③ Der Mellensee bei Lychen in der Uckermark ist gemeint. Nicht der Mellensee bei Zossen.

Die beiden Gewässer sollte man nicht verwechseln. Das erspart Umwege und Enttäuschungen. Der südlich von Berlin gelegene Mellensee verdankt eher den Wassersportlern und der Berlin-Nähe seinen guten Ruf. Wer dagegen die Stille liebt, der ist beim uckermärkischen Namensvetter richtig, muss sich aber dem Naturschutzstatus unterordnen. Sprich: Die Naturschutzeule verbietet es, das kleine Gewässer zu befahren. Egal mit welchem Boot. Wanderer, Spaziergänger und Radler sollten schon im Voraus wissen: An das Seeufer ist von Landseite kaum heranzukommen. Und ganz ungefährlich ist es auch nicht. Ein dichter Gürtel aus Sumpfwiesen verwehrt den Zugang. Dort wächst übrigens ein »Schatz« des Naturschutzgebietes – das Hellgelbe Knabenkraut. Diese einheimische Orchideenart hat sich anderswo in Deutschland weitgehend zurückgezogen. Gerade mal 500 Meter lang und 300 breit ist der See. Angeln im Schutzgebiet ist tabu. Dabei halten sich hier besonders große Hechte und Schleie auf. An der allertiefsten Stelle misst der See um die sechs Meter. Der Wasserstand schwankt im Jahresverlauf beachtlich. Das Moor am Mellensee ist ein sogenanntes Zwischenmoor. In der Regel sind das Tiefmoore, die nach und nach »auslaufen« und so verlanden. Erlen und Weiden haben sich in den letzten Jahren angesiedelt. Um das Mellensee-Moor zu retten, hat man Ablaufgräben beseitigt. Danach ist der durchschnittliche Wasserstand im See wieder gestiegen. Sichtbares Zeichen für diesen Eingriff des Menschen in die Natur sind abgestorbene Bäume. Es sind gar nicht wenige, die den Mellensee gewissermaßen bewachen. Seit vielen Generationen haben Menschen die Gestalt des Seengebietes um Lychen geprägt. Ein halbes Jahrtausend

Der Mellensee – ein Moor wird gerettet

lang spielte die Flößerei eine oder vielleicht sogar die tragende Rolle in der Region. Über Kanäle und Fließe wurden bis zu 20 Meter lange Baumstämme nach Lychen gebracht. Dann ging der Transport weiter nach Berlin oder Hamburg. Auch auf englischen Werften verwendete man Holz aus der Uckermark. Erst zu Beginn der 1970er Jahre kam das Aus. An die Flößer-Traditionen erinnern noch der offizielle Name »Flößerstadt Lychen«, ein Flößermuseum und ein alljährliches Flößerfest. Und ein motorbetriebenes Floß, mit dem Touristen über die Seen geschippert werden.

Musen-Küsse unter einer Eiche

Nennhausen bei Rathenow

34 Ist die Baumruine ein Naturdenkmal oder nicht? Oder eher ein Literaturdenkmal? Die Fouqué-Eiche im Schlosspark von Nennhausen ist gemeint. Unter der Krone des Baumes soll einst der dichtende Baron Friedrich de la Motte Fouqué seine Romane und Dramen zu Papier gebracht haben. Und mit seinem Freund Adelbert von Chamisso soll er manche Stunde hier gesessen haben, um beim Weine die Probleme dieser Welt zu wälzen. Soll – denn beweisen kann das niemand mehr. Allerdings spricht der Name des 450 Jahre alten Baumes dafür. Inzwischen hat ein Sturm die hohle Eiche umgeworfen. Bis dahin galt die Fouqué-Eiche mit einem Umfang von knapp

Die umgestürzte Eiche ist nach wie vor eine Augenweide.

siebeneinhalb Metern als der dickste Baum des Havellandes. Ehe die jungen Eichen in unmittelbarer Nähe eine solche Höhe erreicht haben, dass man wieder unter den Ästen sitzen kann, wird es noch eine geraume Zeit dauern. Trotzdem – für viele Besucher von Nennhausen bleibt auch eine umgestürzte Fouqué-Eiche ein Naturdenkmal. Vielleicht sogar noch beeindruckender als der aufrecht stehende Baum. Schon des Parkes wegen, angelegt nach dem Vorbild englischer Landschaftsgärten, ist ein Ausflug ins Havelland eine Reise wert.

Heute ist der Dichter de la Motte Fouqué weitgehend vergessen. Gelegentlich findet sein Märchen »Undine« Eingang in Sammlungen romantischer Erzählungen. Diese Undine diente gleich zweimal als Textgrundlage für Opern. Sowohl E. T. A. Hoffmann als auch Albert Lortzing haben den Stoff vertont. Nach wie vor populär ist das Volkslied »Auf, auf zum fröhlichen Jagen«.

Die Ritterromane und Spukgeschichten sind meist nur noch Literaturfreunden bekannt. Dabei waren die Auflagen der Bücher bedeutend höher als die seines Zeitgenossen Johann Wolfgang von Goethe. Mehrmals hat Fouqué den Geheimrat und dessen Freund Schiller in Weimar getroffen.

Vielleicht wer es gerade dieses Weimar, das ihn dazu anregte, im märkischen Havelland einen »Musenhof« zu installieren, auf Schloss Nennhausen, wo der Nachkomme französischer Glaubensflüchtlinge seit 1802 lebte und arbeitete. Auch seine Frau Caroline von Briest, eine verwitwete von Rochow, war als Schriftstellerin erfolgreich. Die Nennhausener Besucherliste klingt wie ein Who is Who des preußisch-brandenburgischen Geistesadels – Wilhelm von Humboldt, Heinrich von Kleist, Neidhardt von Gneisenau. Kleist schrieb 1811: »Mein liebster Fouqué, Ihre liebe, freundliche Einladung, nach Nennhausen zu kommen und daselbst den Lenz aufblühen zu sehen, reizt mich mehr als ich es sagen kann.« Als Ehefrau Caroline 1832 starb, begann für Fouqué der gesellschaftliche Abstieg. Seine Kinder warfen ihn aus Schloss Nennhausen. Seine neue Ehe mit einer 30 Jahre jüngeren Bürgerlichen sei nicht standesgemäß. Erst hielt sich

Das Herrenhaus entstand nach dem Tod des Dichters Fouqué.

Fouqué in Halle als Privatdozent über Wasser. Dann ermöglichte ihm eine königliche Rente ein einfaches Leben in Berlin. Man muss nämlich wissen; kein Geringerer als Friedrich der Große war sein Pate. Im Januar 1843 ist gestorben – bei einem Treppensturz. Nur wenige Menschen folgten dem Sarg des einst so gefeierten Dichters zur letzten Ruhestätte auf dem Garnisonsfriedhof.

Geprüft und als zu weich befunden

Neuendorf bei Oderberg

35 Orte mit dem Namen »Neuendorf« gibt es zwischen Flensburg und Berchtesgaden, Görlitz und Aachen »wie Sand am Meer«. Dieses Neuendorf bei Oderberg gehört eher zu den Kleineren. Riesig ist in den Barnim-Dorf nur der Große Stein. Eine Eiszeit hat den Granitblock aus Skandinavien hierher transportiert. Ungefähr vor 150 000 Jahren soll das gewesen sein. Über gut 750 Kilometer hinweg ging die Reise aus Schweden bis in den Barnim.

Am Waldrand in Richtung Naturschutzgebiet Breitefenn haben ihn die Eismassen abgelegt. Ein holpriger Pflasterweg führt an der Wehrkirche vorbei zum Großen Stein. Das Naturdenkmal ist gut ausgeschildert. Bänke in unmittelbarer Nähe laden zum Ausruhen ein.

Teile des Findlings stützen als Säulen den Aachener Dom.

Der Stein widerstand den Schredderplänen.

Eine Waage müsste immerhin 200 Tonnen aushalten. Es ist zwei Jahrhunderte her, dass der Riese von Neuendorf noch viel größer war als heute. Fast dreimal so schwer – also knapp 600 Tonnen. Damals muss er der Obrigkeit ins Auge gestochen sein, vielleicht sogar König Friedrich Wilhelm III. persönlich, der damals auf dem Thron in Berlin saß. Jedenfalls bekam der Baumeister Christian Friedrich Cantian den Auftrag, aus dem rötlich-grauen Findling eine Schale für den Berliner Lustgarten herauszuschlagen. Cantian war zu jener Zeit unbesoldeter Bauinspektor in der unglaublich schnell wachsenden Hauptstadt. Zwischen 1825 und 1828 machten sich seine Mitarbeiter an die Arbeit. Etwa zwei Drittel des Steines wurden abgesprengt. Noch heute sieht man Bohrlöcher an dem Granitblock. Schon bei den Vorarbeiten stieß man auf unüberwindbare Schwierigkeiten. Der Stein war offenbar zu weich für den geplanten Zweck. Man musste erneut auf die Suche gehen, um mit dem Großen Markgrafenstein bei Fürstenwalde an der Spree schließlich fündig zu werden.

Was in Neuendorf zurückblieb, nötigt noch immer Respekt ab.

Das Gotteshaus diente über Jahrhunderte als Wehrkirche.

Mit einer Höhe von dreieinhalb Metern und einer Breite von sechs Metern gehört der Stein nach wie vor zu den größten Findlingen in Norddeutschland.

Nun sind die Hohenzollern – zu Recht oder zu Unrecht – als recht sparsam oder sogar als knausrig in die Geschichte eingegangen. So fanden auch die abgesprengten Reste Verwendung, nicht nur als Schotter für die Chausseen. Aus dem zu weichen Material wurden acht Säulen herausgeschlagen. Auf Befehl des kunst- und geschichts-bewussten Königs Friedrich Wilhelm IV. baute man sie zwischen 1844 und 1847 im Dom zu Aachen ein. Als »Oderberger Granit« ein Gruß aus dem Brandenburger Barnim.

Der Abt und »seine« Linde

Neuruppin

36 Lange hat man ihn nicht mehr gesehen – diesen Pater Wichmann. Seine Kontrollgänge in der Silvesternacht muss der einstige Klostervorsteher schon vor vielen Jahren eingestellt haben. Doch dank der riesigen Linde vor der Kirche ist der Sprössling einer Grafenfamilie nach wie vor in Neuruppin fest verankert. Fast noch mehr als Karl Friedrich Schinkel, der Architekt, oder Theodor Fontane, der Dichter, die beide in Neuruppin zur Welt kamen. Wichmann stammt aus einem alten Thüringer Adelsgeschlecht, das wahrscheinlich schon mit Brandenburg-Gründer Albrecht dem Bären ins Land gekommen war. Ohne das Ja und Amen der Grafen Arnstein lief jahrhundertelang fast gar nichts im Ruppiner Land.

Eine uralte Legende will wissen, dass man Wichmann vor der Klosterkirche bestattete und eine Linde auf sein Grab pflanzte. Das würde bedeuten, der Baum wäre inzwischen fast 800 Jahr alt. Selbst wenn der Baumriese ein Vierteljahrtausend jünger wäre, wäre das ein ungewöhnliches Alter. Inzwischen hat die Linde eine Höhe von fast 20 Metern erreicht. Der Stamm misst in seinem Umfang gut sechseinhalb Meter. Nach wie vor treibt der Baum Blätter und Blüten. Und so lange das so ist, sei das Grab unangetastet geblieben, heißt es in einer anderen Sage. Wichmann ruhe also immer noch in seinen beiden Särgen – in einem aus Silber und in einem aus Glas. Auch der Schatz der Dominikaner sei unberührt. Zurück in die Neujahrsnacht. Schon der Gedanke bereitete den mittelalterlichen Menschen Angst. Da rollte eine Kutsche zum See. An der Linde hielt sie an. Bespannt war das Gefährt mit vier Schimmeln, denen der Kopf fehlte. Dem Wagen entstieg ein alter Mann, lediglich mit einer dünnen Mönchskutte und Sandalen bekleidet, und das bei klirrender Kälte. Wichmann war wiedergekommen. Der Klostergründer, der das Bischofsamt

Unter der alten Linde ist Abt Wichmann in einem silbernen und einem gläsernen Sarg bestattet.

abgelehnt hatte, um als Gleicher unter Gleichen zu leben. In der Kirche Sankt Trinitatis ist in einer Nische eine Figur zu sehen, bei der es sich um den Geistlichen handeln könnte. Wichmann konnte Wunder tun. Über den See laufen, sich mit Tieren unterhalten. Als einmal die Speisevorräte im Kloster ausgegangen waren, sich aber allerhöchster Besuch angesagt hatte, begab er sich zum Ufer des Sees. Er

In der Silvesternacht ist der Abt an der Linde zu sehen.

Die Türme wurden der Klosterkirche erst im 19. Jahrhundert aufgesetzt.

hielt einen geöffneten Sack ins Wasser und murmelte unverständliche Verse. Da schwamm ein riesiger Wels heran und verschwand im Sack. Die Situation war gerettet. Vor allen aber sagte man dem Abt eine »soziale Ader« nach. An Arme und Kranke wurden kostenlos Medikamente abgegeben, im Kloster fanden zahlungsunfähige Kranke Aufnahme.

Im Vatikan war man bereit, den Brandenburger heiligzusprechen. Dann kamen Zweifel auf. Vielleicht trieb es der Mann mit schwarzer Magie? Das Verfahren wurde unterbrochen und dann eingestellt. Bis heute erinnern einer der eindrucksvollsten Bäume der gesamten Mark und ein dichtes Geflecht von Sagen und Legenden an den beinahe ersten und einzigen Heiligen der Mark Brandenburg.

Pimpinellenberg

Der weiße Rabe
und die Pimpinelle

Oderberg bei Bad Freienwalde

37 Wer vom Schiffshebewerk Niederfinow nach Oderberg fährt, fühlt sich in eine andere Welt versetzt. Nichts da mit dem sprichwörtlich flachen Land, das zu weiten Teilen die Mark Brandenburg ausmacht. Über Kilometer hinweg zieht sich ein Höhenzug. Keine tausend Schritt vor Oderberg erreicht er mit dem Pimpinellenberg sogar die 120-Meter-Grenze. Gut zu sehen sind die Anhöhen von der Alten Oder aus. Gar nicht weit entfernt vom Pimpinellenberg schützte einst auf dem Albrechtsberg eine Burg einen alten Handelsweg nach Osteuropa, der in Oderberg den Fluss passierte. Erst lebten

Auf den Anhöhen über der Stadt wächst die Heilpflanze.

Die Alte Oder hat durch die Trockenlegung des Oderbruchs als Verkehrsader an Bedeutung verloren.

hinter den Mauern slawische Adlige. Später zogen deutsche Ritter ein. Einige Erdwälle haben die Jahrhunderte überstanden. Der Verfall nahm offenbar seinen Anfang, als im Tal eine neue, zeitgemäße Festung gebaut wurde. Große Teile dieser Verteidigungsanlage, die den ungewöhnlichen Namen »Bärenkasten« trägt, existieren noch. Mitten in einer idyllischen Kleingartenanlage.

Doch zurück zum Pimpinellenberg. Für historisch interessierte Oderberger hat er so etwas wie Kultcharakter. Hier hat sich oder soll sich das Schicksal der Stadt entschieden haben. Im Dreißigjährigen Krieg, als die Pest ausgebrochen war und Woche für Woche Hunderte Menschen in den Tod riss. Als die Verzweiflung am größten war, so will es jedenfalls eine Sage wissen, sei von Norden her ein Rabe gekommen. Ein weißer Rabe, wie ausdrücklich hervorgehoben wird.

Das Tier ließ sich auf dem Berg nieder und krächzte laut hörbar einen Reim. Nicht nur einmal – immer wieder:

> *»Ist die Krankheit noch so schnell,*
> *heilt sie doch die Pimpinell!«*

Also wuchs diese Pflanze namens Pimpinelle schon damals auf dem Hang. Blütezeit ist zwischen Mai und August. Die Oderberger nahmen den Hinweis des Vogels ernst. Aus den Wurzeln bereitete man eine Medizin, und bald hatte das große Sterben ein Ende.

Die Pimpinelle ist eine Rosenpflanze und kommt in der Mittelmeergegend besonders häufig vor. Inzwischen hat sie sich auch in Mitteleuropa verbreitet. Sogar in Afghanistan ist sie zu finden. Voraussetzung sind trockene oder halbtrockene Böden, ähnlich wie Steppen. In jeder Gegend heißt das Gewächs anders. Offiziell ist es in Deutschland als Kleiner Wiesenknopf bekannt. Aber auch Namen wie Braunelle und Drachenblut, Herrgottsworte und Sperberkraut, falsche Bibernelle oder Wurmkraut sind gebräuchlich.

In der Medizin des Mittelalters spielte dieser Kleine Wiesenknopf eine wichtige Rolle. Er half bei Blutungen und Entzündungen. Als Heilpflanze fand man ihn in den meisten Klostergärten. Auch als Gewürz wird der Kleine Wiesenknopf geschätzt. In der Gegend um Frankfurt am Main ist man der Auffassung, ohne seine Blätter wäre die legendäre Grüne Sauce nicht denkbar.

Seit Mitte der 1980er Jahre ist der Pimpinellenberg Naturschutzgebiet. Vor allem den vielen wirbellosen Tiere hat der Berg den Schutzstatus zu verdanken. Seltene Schmetterlinge und Käfer, Waldbienen, Schnecken und Spinnen gehören dazu.

Um den Reichtum der »Oder-Berge« einem größeren Publikum vorzustellen, gibt es einen kleinen Wanderweg. Der beginnt am Parkplatz am Oderberger Friedhof und führt über viereinhalb Kilometer durch eine Gebirgslandschaft der besonderen Art.

Auwald

Der Auwald im Schradenland

Plessa bei Elsterwerda

38 Der Name »Schradenland« ist nur noch wenigen außerhalb der Niederlausitz geläufig. Auch Suchen in einem Reiseatlas oder auf einer Landkarte halfen selten. Es sei denn, man besitzt ein Geschichtsbuch aus Ururgroßvaters Zeiten. Doch auch für diese Generation war der Landschaftsname für die Region im südlichen Brandenburg und östlichen Sachsen Vergangenheit. Bis 1815 hatten an der Schwarzen Elster die sächsischen Könige das Sagen. Nach dem Wiener Kongress kam ein Teil an die Hohenzollern, wurde als Provinz Sachsen preußisches Staatsgebiet. Gewissermaßen als Kriegsbeute.

Es handelte sich zwar um ein ansehnliches Stück Land, aber der wirtschaftliche Nutzen aus damaliger Sicht war eher dürftig. Riesige Sümpfe durchzogen das nunmehr brandenburgische Neuland. Als Jagdrevier hatten die Wälder einen guten Ruf. Hirsche, Rehe und Wildschweine wurden von den adligen und hochadligen Jägern zur Strecke gebracht. Dagegen ließen kaum zu passierende Auwälder nur beschränkt Landwirtschaft zu. Viele Monate standen die Flächen unter Wasser. Angestaute Mühlgräben und -bäche verschärften die Situation. Das änderte sich erst 1852, als Landwirte die königliche Regierung in Berlin drängten, endlich ein groß angelegtes Meliorationsprogramm auf den Weg zu bringen. König Friedrich Wilhelm IV. wusste, wie er seine Landeskinder bei Laune halten und die eigenen Steuereinnahmen erhöhen konnte. Deshalb stimmte er dem ehrgeizigen Projekt zu. Heute wären Umweltaktivisten gegen diese Trockenlegung Sturm gelaufen. Damals galt sie als eine technische Meisterleistung und als Zeichen wirtschaftlichen Aufschwungs. Schon nach wenigen Jahren gab es kaum noch die für den Schraden typischen Auwälder. Nahe der Elstermühle bei Plessa hat sich ein Stück in die Gegenwart retten können. Diese Wassermühle

Der Auwald an der Elstermühle gilt als Flächennaturdenkmal.

tauscht 1420 das erste Mal in alten Dokumenten auf. Heute ist sie ein technisches Denkmal mit einem kleinen Museum. Die Naturwacht unterhält einen Stützpunkt, die »Mühlenschänke« lädt Gäste ein. Unmittelbar neben der Wassermühle verweist eine Tafel mit der Naturschutzeule auf den Status als Flächennaturdenkmal. Nur wenige Anwohner und noch weniger Ausflügler wissen, dass mit dem Naturdenkmal der Auwald an der Schwarzen Elster gemeint ist. Samt dem Geflecht von Altarmen und Gräben. Inzwischen sind Biber und Fischotter zurückgekehrt. Die scheuen Otter sind nächtliche Fischjäger und deshalb kaum zu sehen. Die Biber lieben die Dämmerung, bevorzugen für die Suche nach Nahrung und Baumaterialien abgelegene und für Menschen schwer zugängliche Reviere. Die Bissspuren der großen Nager sind nicht zu übersehen. Erholt hat sich auch der Bestand an Vögeln. Weißstörche sind allgegenwärtig. Während des Vogelzuges im Herbst nutzen bis zu Tausende Kraniche die Gegend als Rastplatz. Flussregenpfeifer und Uferschwalbe sind zu beobachten, mit etwas Glück die selten gewordenen Knoblauchkröten und die Glattnattern, die anderswo auch Schlingnattern genannt werden. Eigentlich bevorzugen beide Tiere sandige Flächen, kommen aber auch am Rande der Auwälder vor. Nicht wieder aufgetaucht dagegen sind Birkhühner. 1945 will man die attraktiven Vögel zum letzten Mal beobachtet haben.

Lange Zeit galt die Sumpfgegend zwischen Plessa und dem Vorwerk Reißdamm als nicht geheuer. Der Geist eines grausamen Raubritters soll dort nachts gespukt haben. Der Unhold verlangte zu Lebzeiten von den Dörfern der Umgebung, ihm das schönste Mädchen als Braut auszuliefern. Keine der Jungfrauen wurde je wiedergesehen. 30 Jahre lang. Immer wenn der Ritter sein Opfer holte, mussten die Bauern zusätzlich Reisigbündel auf den Damm durchs Moor legen, so dass Pferd samt Reiter und Jungfrau nicht im Moor versanken. Die Bauern griffen zu einer List. Zwei als Gespenster verkleidete Männer erschreckten das Pferd so sehr, dass es scheute und versuchte, durch das Moor zu entkommen. Das Mädchen wurde blitzschnell ergriffen und auf den Damm gezogen. Der böse Ritter und sein schweres Ross versanken im Morast. Die Bauern stürmten die Raubritterburg. Mit Entsetzen fanden sie die Köpfe der 30 verschwundenen Mädchen. Die Burg wurde niedergebrannt. Die Seele des grausamen Mörders konnte keine Ruhe finden und musste in den sumpfigen Auwäldern um Plessa umhergeistern.

Unterwegs zum märkischen »Vineta«

Prötzel bei Strausberg

39 Der alte Fontane hatte es gewiss nicht leicht mit seinen »Wanderungen durch die Mark Brandenburg«. Von Berlin bis zur sogenannten Stadtstelle bei Prötzel musste er eine halbe Tagesreise einplanen. Heutzutage reicht eine halbe Autostunde bis zum Gamengrund mit dem geheimnisvollen Blumenthal aus. Heute wie damals ist es im Blumenthal nicht geheuer. Das meinte auch der Sagensammler Adalbert Kuhn, der ein Vierteljahrhundert vor Theodor Fontane hier war. Eine »halbe Weltreise« musste Kuhn auf sich nehmen, um die Strausberger Legenden-Ecke kennenzulernen. Und schon damals stellte er fest, dass immer weniger darauf hindeutete, dass es irgendwann an der Stadtstelle eine Stadt gegeben hat. Fontane wird Kuhns Bücher gekannt haben, als er in den frühen 1860er Jahren in den Blumenthal kam und nach Spuren früher Besiedlung suchte. Nach Mauerresten, einstigen Brunnen oder Kellern. Alte Überlieferungen, die von Generation zu Generation weitererzählt wurden, wiesen ihm den Weg zu einem Findling. Von dem ist allerdings nur ein kleiner Teil zu sehen. Der größere steckt in der Erde. 50 bis 60 Tonnen schätzt der Bauer, dem das Feld gehört, auf dem der Granit steht. Oder sollte man vielleicht besser sagen: wo der Granit liegt. Form und Lage sind recht ungewöhnlich. Wie eine Tafel sieht der Findling aus, was ihm den Namen Steinerne Tafel oder Steinerner Tisch eingebracht hat. Der erwähnte Bauer ist alles andere als glücklich über diesen »Schatz«. Jedes Jahr pilgern Natur- oder Geschichtsfreunde hierher, um dem Stein ihre Reverenz zu erweisen. In den letzten Jahren ist eine besondere Spezies dazugekommen: sogenannte Geocacher, die sich mit Hilfe von elektronischen Geräten an allen interessanten Plätzen einfinden.

Mittelalterlicher Stadtstein oder vorchristlicher Altar?

Jedenfalls würde sich niemand um das Getreide auf seinem Feld kümmern, alles würde niedergetrampelt, klagt der Bauer. Dabei wäre gesetzlich festgeschrieben: Nur zwischen Ernte und Neuaussaat darf man den Getreideschlag betreten. Für alle ohne Navigationshilfe ist der Findling gar nicht so leicht zu finden. Eine einzeln stehende

Eiche mitten auf dem Feld kann als Orientierungshilfe dienen. Noch immer hat die Wissenschaft nicht eindeutig herausgefunden, wofür der Findling steht. Sollte es sich tatsächlich um einen Opferstein handeln? Um einen Altar, an dem Germanen ihre Götter um Hilfe anriefen? Dafür würden Keramikreste sprechen, die hier immer wieder gefunden wurden.

Haben wir es bei dem Findling mit einem »Stadtstein« zu tun, dem Symbol einer mittelalterlichen Siedlung? Jedenfalls erwähnt das vielzitierte Landbuch von Kaiser Karl IV. ein Städtchen namens Blumenthal. Der Ort könnte im frühen 15. Jahrhundert von Hussiten eingeäschert worden sein, als die böhmischen Glaubenskrieger vergeblich nach dem Kloster Chorin suchten. Sie mussten vor Bernau eine militärische Schlappe einstecken, erstürmten aber Strausberg und Altlandsberg. Oder ist Blumenthal von der Pest ausgelöscht worden?

Fontane suchte nicht nur nach ungewöhnlichen Geschichten über Geschichte und brachte so Licht in die Historie der Mark Brandenburg. Der Dichter war auch ein unverbesserlicher Romantiker. Schon deshalb konnte er sich nicht den Reizen des wald- und seenreichen Blumenthals verwehren: »Etwas von dem Zauber Vinetas ist um ihn herum, die Sage von untergegangenen Städten, verschwunden in Wasser oder Wald, begleitet den Reisenden auf Schritt und Tritt. Wer um die Mittagsstunde hier vorüberzieht, der hört aus Schlucht und See heraus ein Klingen und Läuten, und wer gar nachts des Weges kommt, wenn der Mond im ersten Viertel steht, der hat über Stille nicht zu klagen, denn seltsame Stimmen, Rufen und Lachen ziehen neben ihm her ...«

»Wildwasser« in der Mark

Rheinshagen bei Rheinsberg

40 Für Claire und Wolfgang hat der Rhin keine Rolle gespielt. Für die beiden jungen Leute, denen Kurt Tucholsky in »Rheinsberg – Bilderbuch für Verliebte« ein literarisches Denkmal gesetzt hat. Wie sollte er auch. 1913 war Kanufahren – wie wir heute sagen würden – eine Trendsportart. Wildwasserkanu sowieso. Außerdem hatte das Paar mit sich selbst und der Atmosphäre des Friedrich-II.-Städtchens Rheinsberg genug zu tun. Dagegen konnte Theodor Fontane gar nicht genug von dem Landstrich schwärmen. Kein Wunder, denn der »Wanderer durch die Mark Brandenburg« erblickte in Neuruppin die Welt und könnte sogar mit Rhinwasser getauft worden sein. Nicht nur einmal ist Fontane durch die Ruppiner Schweiz gezogen und hat sich die Frage gestellt, wo denn der Höhenzug am schönsten sei:

>*»Und fragst du nach dem vollstem Reiz,*
>*wo birgt ihn die Ruppiner Schweiz ...*
>*Wohin du kommst, da wird es sein,*
>*an jeder Stelle gleicher Reiz erschließt*
>*dir die Ruppiner Schweiz.«*

Immerhin gibt der Dichter ein paar romantische Orte zur Auswahl an. Das Wildwasser auf dem Rhin bei Rheinshagen ist nicht dabei. Zufällig lässt sich diese Laune der märkischen Natur wohl auch nicht finden. Möglicherweise haben einige Umweltschützer ohnehin die Befürchtung, dass dieses landschaftliche Kleinod in Gefahr ist, wenn in den Sommermonaten täglich Hunderte, ja vielleicht sogar Tausende Ausflügler anrücken. Sie unternehmen dann eine Spritztour auf dem Rhin, um das Gewässer bei Rheinshagen zu testen, wo der Fluss dahinrauscht wie in einem Hochgebirge. Na ja, zumindest wie in einem Mittelgebirge. Immerhin weist der Rhin zwischen Rheinsberg und der Siedlung Kunsterspring ein Gefälle von 17 Metern auf, und das auf

An den Stromschnellen müssen Kanuten die Boote vorbeitragen.

einer Länge von 18 Kilometern. Kanuten müssen sich darauf einstellen, dass ihnen umgestürzte Baumstämme den Weg blockieren und an manchen Abschnitten der Rhin gerade mal reichlich zwei Meter Breite misst. Kurve reiht sich an Kurve. Oft lässt sich das Gewässer kaum weiter als 30 Meter überblicken. In Rheinshagen ist für Kanu und Kanuten »Landgang« angesagt. Die Boote müssen 50 Meter weit getragen werden. Anwohner, Umweltschützer und Touristiker sind sich einig: Der Fluss samt Tier- und Pflanzenwelt soll auch den nächsten Generationen erhalten bleiben. Deshalb ist das Kanuvergnügen saisonabhängig. Lediglich von Mitte Juni bis Ende Oktober gibt es für Wassersportler grünes Licht. Der Pegel darf nicht unter 65 Zentimeter fallen. Ohnehin sind nur Kajaks erlaubt. Kanadier haben Fahrverbot, denn die Stechpaddel könnten die Flussmuscheln gefährden. Eine seltene Tierart, die anderswo in Deutschland schon verschwunden ist. Außerdem ist Punkt sieben Zapfenstreich auf dem Rhin. Dann gehört der Fluss allein der Natur. Der scheue Fischotter geht auf Jagd, der Biber sucht nach Futter oder transportiert Baumaterial zu seiner Burg.

Wassersportler haben sich auf viele Kurven und Hindernisse einzustellen.

Dagegen holt sich der Seeadler seine Beute tagsüber aus dem Wasser. Wie auch der bunte Eisvogel. Den Sturzflügen der beiden Vögel zuzuschauen sind Erlebnisse der besonderen Art.

Bei der Fahrt auf dem Rhin geht es vorbei an Schwarzerlenwäldern. Mit diesem Holz errichteten unsere Urahnen in der Steinzeit ihre Pfahlbauten. Auch Venedig steht auf Erlen und Eichen. Dabei galten im Mittelalter Erlen als Unheilbringer, als Hölzer des Teufels. Vor allem weil sie an unzugänglichen, also verwunschenen Orten wuchsen. An Mooren, Sümpfen, Überschwemmungsgebieten. Das rötliche Holz, so war man überzeugt, sei auf den Teufel persönlich zurückzuführen. Mit einem Erlenknüppel habe er nämlich seine Großmutter verprügelt. Außerdem würden Hexen die Zweige für ihre Zauberbesen verwenden.

In Zippelsförde kommt das Aus für die brandenburgische Wildwasserromantik. Langsam fließt der Rhin in Richtung Neuruppin. In der Nähe von Oranienburg ergießt sich der Fluss nach 129 Kilometern in die Havel.

Die unendliche Geschichte vom Birnbaum

Ribbeck bei Nauen

41 Groß ist er geworden, freut sich die ältere Dame. Nicht zu vergleichen mit dem Besuch beim letzten Mal. Das war vor zehn Jahren. Oder vor zwölf? Gemeint ist der legendäre Birnbaum in Ribbeck. Wahrscheinlich würde kaum jemand Notiz von dem Dorf an der Bundesstraße B5 zwischen Nauen und Kyritz nehmen, gäbe es dort nicht diesen legendären Birnbaum. Theodor Fontane ist es zu verdanken, dass der Obstbaum in die Literatur eingegangen ist. Wenn nicht in die Weltliteratur, dann aber doch in die deutsche Literatur. Ganze Schülergenerationen hatten die Ballade »Herr von Ribbeck auf Ribbeck im Havelland« auswendig zu lernen. Dieser berühmte Baum steht unmittelbar neben der Dorfkirche, unspektakulär in Größe und Gestalt. Auf den ersten Blick ist nur schwer auszumachen, dass der Baum ein geballtes Stück Literaturgeschichte geschrieben hat. Es ist nicht das Original, das seine Äste und Zweige in den märkischen Himmel streckt, sondern ein Nachfahre, angepflanzt im Jahre 2000. Der Ribbeck'sche Birnbaum wurde 1911 bei einem Sturm entwurzelt. Und als das Schlösschen in seiner heutigen Form entstand, hatte der Balladen-Held Hans Georg von Ribbeck längst das Zeitliche gesegnet. Möglicherweise ist Fontane im Pfarrhaus auf die ungewöhnliche Geschichte gestoßen. In Kirchenbüchern fand der Dichter immer wieder Anregungen für seine Reisereportagen. Es muss in den 1750er Jahren gewesen sein, als im Herrenhaus ein Gutsbesitzer mit einer nennen wir es mal besonders ausgeprägten sozialen Ader lebte. Vor allem den Kindern der Gutsarbeiter machte er mit kleinen und kleinsten Geschenken eine Freude. Im Herbst hatte von Ribbeck oft die Taschen voller Birnen, um sie zu verteilen.

Der junge Birnbaum wurde 2000 angepflanzt.

Das Ribbeck-Schloss wird als Museum, Konzerthaus und Restaurant genutzt.

Als der Gutsherr merkte, dass sein Ende nahte, trug er den Erben auf, ihn mit einer Birne im Totenhemd zu bestatten. Was wohl dann auch geschah. Jedenfalls sprießte bald ein Bäumchen aus dem Grab, das im Laufe der Jahre zu einem stattlichen Birnbaum heranwuchs. Der Baum erinnert aber auch an das tragische Schicksal des Hans Georg Karl Anton von Ribbeck. Der 1880 geborene Offizier des Ersten Weltkrieges galt als eingefleischter Monarchist. Er hasste das NS-Regime und hielt sich mit kritischen Äußerungen und Provokationen nicht zurück. Im April 1944 fanden die Behörden einen Anlass zuzuschlagen. Flaksoldaten machten Jagd auf die Besatzung eines abgeschossenen britischen Bombers. Begleitet wurden sie von einer Menge Schaulustiger. Der Gutsherr stellte sich dem Mob in den Weg. Die Saat auf seinen Feldern sollte nicht niedergetrampelt werden. Mit einer Reitpeitsche schlug er auf die verblüfften Wehrmachtsangehörigen ein. Daraufhin nahm man den »Volksfeind« fest. Sein letztes Lebenszeichen stammt aus dem Konzentrationslager Sachsenhausen.

Inzwischen leben wieder von Ribbecks im Dorf, nicht aber im einstigen Herrenhaus gegenüber der Kirche. Im Schloss sind ein

Andenken an den ersten Birnbaum

kleines Museum und ein Standesamt eingezogen. Der Saal bietet Platz für Konzerte, im Erdgeschoss empfängt ein Restaurant Gäste. Am späten Nachmittag ebbt der Strom der Birnbaum-Besucher und Fontane-Verehrer spürbar ab. Die letzten Zeilen der Ballade ergeben dann Sinn:

>... Und die Jahre gehen wohl auf und ab,
Längst wölbt sich ein Birnbaum über dem Grab.
Und in der goldenen Herbsteszeit
Leuchtet's wieder weit und breit.
Und kommt ein Jung' über'n Kirchhof her,
So flüstert's im Baume: >wiste ne Beer?<
Und kommt ein Mädel, so flüstert's: >Lütt Dirn,
Kumm man röwer, ick gew' Di 'ne Birn.<

So spendet Segen noch immer die Hand
Des von Ribbeck auf Ribbeck im Havelland.<<

Riesenstein

Die Rache des Teufels

Ringenwalde in der Uckermark

42 Die Grafen von Ahlimb-Saldern auf Ringenwalde wussten schon, weshalb sie ihre Begräbnisstätte im Schlosspark errichten ließen, nicht weit entfernt von dem legendären Riesenstein. In der Nähe dieses gewaltigen Granitbrockens, den die Eiszeit hier abgelegt hat. Gut zwei Meter ragt der Stein aus der Erde, ungefähr zwei Drittel seiner Gesamthöhe. Wissenschaftler haben ausgerechnet, dass hier knapp 40 Tonnen zusammenkommen.

Gewiss hat der Schlosspark schon bessere Zeiten gesehen – vor 200 Jahren, als hier der brandenburgische Gartenkünstler und Landschaftsarchitekt Lenné seine Ideen einbrachte. Damals waren solche englischen Landschaftsparks ganz groß in Mode. Der von Ringenwalde galt als besonders attraktiv.

Am Riesenstein traf sich der Stahlhelmbund zu den Sedan-Feiern.

Die Begräbnisanlage entstand erst 1904. Gewiss hätte sich auch genug Platz auf dem Dorffriedhof gefunden. Der Weg vom Herrenhaus wäre nicht wesentlich weiter gewesen. Im Park allerdings wurden die Gräber aufgewertet, führten doch die jährlichen Aufmärsche zum Sedan-Tag an der neogotischen Kapelle vorbei. Mit Musik und Fackelzug gedachte der Stahlhelm-Bund am Riesenstein des Sieges über Frankreich am 2. September 1870. Aus dem gleichen Grund wurde in Ringenwalde eine Sedan-Eiche gepflanzt. Wie an unzähligen Orten in Deutschland sollte der Baum die Verbundenheit der Menschen mit dem Deutschen Reich im Allgemeinen und mit den Kaisern aus dem Hause Hohenzollern symbolisieren. Selbst als das Blut-und-Eisen-Reich längst der Vergangenheit angehörte, die Weimarer Republik die Monarchie abgelöst hatte, wurde mit Fackeln und Fahnen durch den Park gezogen, ließ man den Sieg im Deutsch-Französischen Krieg lebendig werden. Als nach 140 Jahren der Baum an der Dorfstraße sein Leben aufgab, kam man in der Uckermark auf eine ungewöhnliche Idee. Aus dem Stamm entstand eine überlebensgroße Figur – eine Friedensgöttin. Das einstige Schloss der Ahlimb-Saldern ist verschwunden. Die Waffen-SS sprengte das Gebäude im Frühjahr 1945. Sechs Jahre zuvor war der gesamte Gebäudekomplex mit Feldern und Forstflächen der sogenannten Stiftung Schorfheide zugeschlagen worden. Dieses Naturschutzprojekt war gewissermaßen das Privatvergnügen der NS-Größe Hermann Göring. Der selbsternannte Reichsjägermeister lebte auf Carinhall, einem lukrativen Landsitz in unmittelbarer Nähe. In der Schorfheide wurde auf seine Anordnung versucht, Wisente, Elche und Wildpferde anzusiedeln. Nicht ohne Erfolg.

Nach wie vor halten manche Leute im Ort an der Überzeugung fest, der Ringenwalder Findling habe in vorchristlichen Zeiten als Opferstein gedient. Ob Germanen oder Slawen von hier aus ihre Götter um Beistand gebeten haben, wird wohl nie zu erfahren sein. Vielleicht war der Stein unseren Vorfahren aus der Bronzezeit ein Kultplatz? Deren Gräber wurden an der anderen Seite des Dorfes

Der Schlosspark hat sicher schon bessere Zeiten erlebt.

gefunden und rekonstruiert. Der Sage nach soll dort einst der Riesenstein gelegen haben. Der Ortswechsel galt lange Zeit als Teufelswerk.
Der Höllenfürst persönlich, so will es eine Legende wissen, fühlte
sich durch das Glockenläuten vom Ringenwalder Kirchturm gestört.
Völlig entnervt ergriff er den Findling und schleuderte ihn gegen das
Gotteshaus. Der Erfolg hielt sich in Grenzen. Lediglich der Turm
wurde »abrasiert«. Der Findling landete ein ganzes Stück daneben.
Die Klauen des Satans hätten sich im Stein eingefressen, davon war
die ansässige Bevölkerung lange Zeit überzeugt. Den heutigen Turm
erhielt die Kirche um 1890.

Sommerlinde

Das Gericht der Bauern

Rönnebeck bei Gransee

43 Die Linde ist so etwas wie der Schicksalsbaum der Deutschen. Nicht unter der sprichwörtlich berühmten »deutschen Eiche«, sondern unter dem Lindenbaum trafen unsere Vorfahren wichtige Entscheidungen. Wahrscheinlich auch unter der mächtigen Sommerlinde von Rönnebeck. Das kleine Dorf zählt keine 200 Einwohner und liegt zwischen den brandenburgischen Städtchen Gransee und Zehdenick, abseits der großen Straßen. Nur selten taucht hier ein Auto mit fremdem Kennzeichen auf. Auswärtige radeln durch den Ort, um am Friedhof Stopp zu machen. Auf dem Gottesacker neben der Kirche streckt sich eine eindrucksvolle Linde gut 25 Meter in die Höhe. Auch ihr Umfang nötigt Respekt ab – fast neuneinhalb Meter.

Unter der Linde neben der Dorfkirche aus dem 13. Jahrhundert sprachen die Bauern Recht.

In Bodennähe ist im Laufe der Jahre eine Baumhöhle entstanden, in der Hacken, Spaten und Gießkannen aufbewahrt werden. Alles, was zur Grabpflege nötig ist. Auf gepflegte Gräber legen die Leute von Rönnebeck viel Wert. Nicht nur, um vor den Touristen »gut dazustehen«.

Seit einiger Zeit haben sich die Namen Friedhofslinde oder Kirchenlinde durchgesetzt. Weitgehend in Vergessenheit geraten ist dagegen der Name Gerichtslinde. Trotzdem sollen hier die Bauern von Rönnebeck Gericht gehalten haben, wie in anderen Orten auch. Das hatte seinen guten Grund. Schon den alten Germanen waren Linden heilig. Unter ihren Blätterdächern wurde sogar über Krieg und Frieden entschieden. Als im Mittelalter Kolonisten aus dem westlichen Deutschland das Land zwischen Elbe und Oder besiedelten, brachten sie den uralten Brauch wieder zurück. Regelmäßig trafen sich die Dorfbewohner unter einem Lindenbaum und hielten Gericht ab. Dabei ging es nicht um Mord und Totschlag, die hohe und niedere

Im Stamm der Gerichtslinde bewahren die Rönnebecker Gartengeräte für den Friedhof auf.

Gerichtsbarkeit war dem Adel vorbehalten. Entschieden wurde über Ämterverteilung, Holznutzung oder Feldgrenzen. Neue Steuern wurden verkündet oder herrschaftliche Erlasse. Die Teilnahme war ausschließlich Männersache. Und es mussten freie Bauern sein, Landwirte, die über Grund und Boden verfügten, Haus und Hof besaßen. Bis ins 18. Jahrhundert hinein galt mancherorts »judicium sub tilia« – »das Gericht unter den Linden«.

In vielen Fällen waren solche Linde auch Tanzlinden. An Wochenenden und Feiertagen drehte man sich zur Musik der Dorfmusikanten im Kreise, in der Nase den betörenden Duft von Lindenblüten. Unzählige Volkslieder besingen den Baum. Sagen und Legenden – wie die von Siegfried, dem Drachentöter – ranken sich um die Linde. Nicht zuletzt waren Linden oft Voraussetzung für die Honiggewinnung, Bienen kelterten ihn aus den Blüten. Bis zur Einführung des Rohrzuckers aus Amerika, das einzige Mittel zum Süßen der Speisen. In jeder guten Hausapotheke hatte Honig seinen Platz. Noch heute schwört man auf die heilende Wirkung bei Erkältungen oder bei Gicht-Erkrankungen. Ob Honig allerdings gegen Pest und Ruhr half, wie man im Mittelalter meinte, ist eher zu bezweifeln. Um die Linden zu schützen, gab es anno dazumal eine ernstzunehmende Warnung: Sosehr auch die Blase drückt – an eine Linde zu pinkeln ist strengstens verboten. Für eine solche »Ferkelei« würde dem Missetäter sofort ein sogenanntes Gerstenkorn am Auge wachsen. So wäre für alle der Baumfrevler zu erkennen. Allerdings müsste der so Bestrafte nicht sein ganzes Leben lang das Schandmal mit sich herumtragen. Erneut käme vom Lindenbaum Hilfe. Drei Lindenblätter aufs Auge gelegt – und das »Gerstenkorn« heilte wieder ab.

Rothsteiner Fels

Der Berg ruft!

Rothstein bei Bad Liebenwerda

44 Wenn es um den Rothstein geht, dann lässt man sich in der Niederlausitz auf keine Diskussionen ein. Der Berg ist der einzige Kletterfelsen im Land Brandenburg. Basta, aus! Jedenfalls der einzige natürlich »gewachsene« Kletterfelsen zwischen Elbe, Oder und Neiße. Alles andere wie in Großkoschen, Sperenberg oder Rüdersdorf sei erst durch den Bergbau entstanden und habe deshalb in der Statistik nichts zu suchen. Ist gewissermaßen Kunsthonig. Und den zweiten brandenburgischen Felsen, den in Fischwasser, würde es nicht mehr geben. Gesprengt in den 1920er Jahren. Das gute Stück habe man »geschreddert«, will ein recht gut informierter Dorfbewohner wissen. Am Rothsteiner Fels sei dagegen »der bittere Kelch vorbeigegangen«. 1915 habe man den Stein unter Denkmalschutz gestellt. Bis dahin sei ein Teil zu Schotter verarbeitet worden. Grauwacke, wie Geologen die recht widerstandsfähige Gesteinsart nennen, kam damals beim Bau von Chausseen und Straßen zum Einsatz, diente als Fundament für den Hausbau. Schon die antiken Völker wussten diesen Baustoff aus der Sandstein-Familie zu schätzen. Sarkophage und Figuren entstanden aus Grauwacke. Wenn es stimmt, was die Wissenschaft herausfand, kann der Rothstein auf das stolze Alter von 560 Millionen Jahren zurückblicken. Er wäre damit älter als der Harz und der Thüringer Wald. Erst nach und nach stieg der Koloss an die Erdoberfläche. Jetzt steht er mitten im Wald. Trotz einer Höhe von nicht einmal 20 Metern ist der Anblick beeindruckend. Deshalb bildet er seit 1900 eine stimmungsvolle Kulisse für das Rothsteiner Felsenfest. Jahr für Jahr pilgern am zweiten Juli-Wochenende Tausende Freunde der Unterhaltungsmusik zu der Spielstätte unter freiem Himmel. Im August gehört das kleine Felsmassiv Hobby-Cowboys. Dann ist ein Western- und Indianertreffen angesagt. Das Lager am

Der Rothsteiner Fels ist mit knapp 20 Metern der einzige natürliche Kletterberg in Brandenburg.

Red Rock, dem Roten Felsen, hat Kultcharakter. Den Namen hat der Felsen übrigens durch die eigenartige Färbung erhalten. Grund dafür ist der hohe Eisenoxid-Gehalt.

Auch wenn keine Trapper oder Indianer am Fuße des Felsen lagern, kann ein Besuch durchaus spannend sein. Wenn nämlich Bergsteiger zugange sind. Bei einheimischen Felsenkletterern und jungen Einsteigern in die Bergsteigerei hat der Rothstein einen guten Ruf. Über Aufstiege mit unterschiedlichen Schwierigkeitsgraden kann man den Flachlandgipfel bezwingen.

Wenig Glück mit »Weißem Gold«

Salzbrunn bei Beelitz

45 Nein, ein reines Vergnügen ist es nicht, bei hochsommerlicher Mittagshitze zum Salzbrunnen von Salzbrunn zu laufen. Der Weg führt durch Wiesen und Weiden, vorbei an Feldern. Man ist gut beraten, den fahrbaren Untersatz an der Landstraße stehen zu lassen und einen Spaziergang von einer halben Stunde auf sich zu nehmen. Wie vor gut 400 Jahren, als man begann, in der Nähe des Nieplitz-Flusses Salz zu gewinnen. Beim Laufen kommt einem die Mittagsfrau in den Sinn. Jene Hexe aus der Welt der Geister, die alle bestraft, die nicht zwischen zwölf und eins eine Pause einlegen. Im schlimmsten Fall sogar mit dem Tod. Die Mittagsfrau stammt aus dem slawisch-wendischen Sagenschatz und sollte vor dem befürchteten Hitzschlag schützen. Später haben dann auch deutsche Mägde und Knechte die Mittagsfrau in ihr Weltbild eingefügt. Die Idee, Brandenburg von teuren Salzeinfuhren unabhängig zu machen, war schon damals nicht neu. Kurfürst Johann Cicero hatte 1486 versucht, eine »Aktien-Gesellschaft« zu gründen. Die sollte die Salzquellen im Havelgebiet ausbeuten. Beteiligt waren Adlige, reiche Bürger, Beamte, wohl auch Kommunen. Insgesamt 64 Anteileigner gab es. Größere Erfolge blieben offenbar aus. Als um 1542 in den Wiesen nahe Beelitz Salzquellen entdeckt wurden, versuchte Kurfürst Joachim II. einen neuen Anlauf. Auch der schien erst einmal im Sand zu verlaufen. Bis sich 1579 der Festungsbaumeister Rochus von Lynar der Sache annahm. Der gebürtige Italiener errichtete auch die Zitadelle in Spandau, damals die modernste Verteidigungsanlage in ganz Deutschland. Lynar stellte 150 Männer ein. Dazu kamen noch 200 Bauknechte, die tageweise beschäftigt wurden. Die Brunnen waren überdacht, das Holzhaus wurde erst in den 1830er Jahren abgerissen. In einem sogenannten Gradierwerk, das gegenüber der Quelle zu suchen war, wurde die

Ein Gedenkstein erinnert an Bergbautraditionen.

salzhaltige Sole über Reisigbündel geleitet, so dass ein Teil der Flüssigkeit verdunstete, Verunreinigungen herausgefiltert wurden. Dann erhitzte man die konzentrierte Lösung, das Wasser verdampfte, Speisesalz entstand. Das Verfahren wird bis heute angewandt. Aus dem Jahr 1598 ist überliefert, dass Kurfürst Joachim Friedrich die Salzquellen in den Nieplitz-Wiesen seiner Frau Katharina übereignet hat, einer Prinzessin aus dem Hause Brandenburg-Küstrin. Ob es sich um die Pacht, um den vollständigen Besitz oder um Steuereinnahmen handelte, geht aus den Hinterlassenschaften nicht eindeutig hervor. Wahrscheinlich wurde der Betrieb während des Dreißigjährigen Krieges oder kurz danach eingestellt. Ein neuerlicher Versuch, die Anlage wieder flottzukriegen, scheiterte im 19. Jahrhundert. Die Konkurrenz war stärker, gehörte doch Halle an der Saale als Provinz Sachsen inzwischen zum preußischen Königreich. Übrigens testete man 1811 noch einmal das Wasser. 1,5 Prozent Kochsalz zeigten die Messgeräte an. Heute ist das Wasser im Berlin-Brandenburger Leitungswasser

Rund um den Brunnen wachsen salzliebende Pflanzen.

kaum weniger salzig. Wahrscheinlich wird niemand auf die Idee kommen, vom Wasser aus dem von Schilf umwachsenen Abflussgraben zu trinken. Einen die Gesundheit fördernden Eindruck macht der Salzbrunnen jedenfalls nicht. Es gibt es eine Schutzhütte, gebaut nach historischem Vorbild. Ein Gedenkstein erinnert an diese Ingenieurleistung des ausgehenden Mittelalters. Das Naturdenkmal bedarf ständiger Pflege. Der Weg droht nach und nach zuzuwachsen. Dabei könnte der Salzbrunnen wegen seiner Einzigartigkeit durchaus ein touristisches Glanzlicht für ganz Brandenburg sein.

Liese, die Nonne, oder Liese, das Pferd?

Spechthausen bei Eberswalde

46 Südlich von Eberswalde liegt Spechthausen. Dort mündet das Nonnenfließ in die Schwärze. An dieser Stelle hat das Fließ – also der Bach, den man in der Region Fließ nennt – knapp ein Dutzend Kilometer hinter sich gebracht. Durch eine Landschaft, die eher an ein Mittelgebirge erinnert als an die Mark Brandenburg.

Nach der Eiszeit vor 15 000 Jahren ist das Tal samt Bach als Abflussrinne für das Schmelzwasser entstanden. Tief hat sich sein Lauf in den Boden eingeschnitten. Schluchten wurden ausgewaschen. Wie ein Gebirgsbach plätschert das Gewässer munter dahin. Experten haben Trinkwasserqualität festgestellt. Kies und Sand halten den Bach sauber. Deshalb findet man hier noch Flussmuscheln, die kühles und nährstoffarmes Wasser als Lebensraum benötigen. Seltene Fische wie Groppen, Bachneunaugen und Steinbeißer haben sich angesiedelt. Sie nutzen Fischtreppen, um bachaufwärts zu gelangen. Groppen sind Knochenfische, die zwischen sechs und 45 Zentimeter groß werden können. Im Nonnenfließ leben die kleineren Exemplare. Auch die Steinbeißer im Fließ bringen es auf gerade mal zehn Zentimeter Länge. Recht rar aber ist das Bachneunauge. Äußerlich ist der Fisch dem Aal recht ähnlich, erreicht aber im allerbesten Fall eine Länge von knapp 20 Zentimetern. Schon allein wegen dieser Bachbewohner ist der Schutzstatus sinnvoll. Gewiss, es gehört schon eine Portion Glück dazu, diese Fische beobachten zu können, wenn sie die Fischtreppen passieren. Geduld ist auch angesagt, will man den kunterbunten Eisvogel zu Gesicht bekommen. Der Vergleich mit einem »fliegenden Diamanten« ist gar nicht so weit hergeholt. Auch die scheue Waldrapp nutzt das Fließ als Wasserstelle. Gewissermaßen Exoten

Das Nonnenfließ wurde nach Ende des Industrie-Zeitalters renaturiert.

sind zwei andere Vogelarten – die Wasseramsel und die Gebirgsstelze, eher typisch für Gebirgstäler als für den Barnim. Auf einer Wanderung durch das Tal sind ohne große Mühe viele der einheimischen Spechtarten zu finden. Oder zu hören. Im Frühjahr verwandeln sich große Teile des Tales in einen Blütenteppich. In Spechthausen bilden Nonnenfließ und Schwärze den Mühlenteich. Das Gewässer erinnert an ein Stück brandenburgische Industriegeschichte. Es war der Hammerschmiedemeister Johann Georg Specht, der in der Nähe von Eberswalde, das damals noch Neustadt hieß, ein Hammerwerk samt Schmelzofen errichtete. Französische Glaubensflüchtlinge erhielten von Friedrich II. die Erlaubnis für eine Papierfabrik. Viele Jahre wurden in Spechthausen Banknoten und Wertpapiere gedruckt. Als Briefpapier mit dem Specht als Wasserzeichen war Büttenpapier aus dem Barnim in ganz Deutschland bekannt. Inzwischen ist am Nonnenfließ die Wasserregulierung zu gewerblichen Zwecken überflüssig geworden. Nach und nach wurden die Wehre abgebaut, so dass der Bach wieder ungehindert dahinplätschern kann.

Eine Holzbrücke führt am Liesenkrüz über das Fließ.

Auch vorbei am sogenannten Liesenkrüz, einer besonders romantischen Stelle am Bach. Das Nonnenfließ könnte im Mittelalter ein Grenzbach gewesen sein. Hier endeten die Ländereien des Zisterzienserinnenklosters Altfriedland. Für das Liesenkrüz haben Sagensammler eine eigenwillige Erklärung. In unmittelbarer Nähe befand sich einst ein Frauenkloster. Ein Ritter habe aus Liebe und Leidenschaft eine der Bewohnerinnen entführt. Und weil es der guten Frau in den Armen des Edelmanns offenbar besser gefallen hatte als in der Klosterzelle, lehnte sie eine Rückkehr zu den Zisterzienserinnen ab. Zur Strafe wurde das Kloster verflucht. Riesige Wassermassen begruben die Anlage. Nur Schwester Liese überlebte. Als Dank für ihre Rettung ließ Liese ein Kreuz aufstellen – eben das Liesenkrüz. Das Kreuz ist im Laufe der Zeit verschwunden. Ein Gedenkstein markiert die Stelle. Bei Variante II geht es um einen Bauern, der während eines Sturmes Holz aus dem Wald holte. Ein umstürzender Baum erschlug das Pferd. Der tote Gaul trug ebenfalls den Namen Liese!

Gips gibt's nicht mehr!

Sperenberg bei Luckenwalde

47 Die Herren in der Chefetage waren auf die Entscheidung vorbereitet. 1924 würden die Berliner Gipswerke den Betrieb in ihren Sperenberger Gruben einstellen. Die Werkhallen wurden zwar weiter genutzt, doch den Rohstoff transportierte man vor allem aus der Harzregion heran.

Die Schließung war längst überfällig geworden. Immer wieder traten in den benachbarten Orten Risse an Wohngebäuden auf, oder es brachen große Flurteile ein. Mehr oder weniger Zufall, dass bis dahin kein Haus eingestürzt war und die Bewohner unter sich begraben hatte.

Mit dieser Stilllegung ging für Brandenburg ein langes Stück Bergbaugeschichte zu Ende. 700 Jahre lang hatte man hier – 50 Kilometer

700 Jahre wurde in Sperenberg Gips abgebaut.

Die Ufer der gefluteten Gruben sind einsturzgefährdet.

südlich von Berlin – das unscheinbare Mineral gefördert, einen gefragten Zusatzstoff für den Hausbau. Möglicherweise schon in vorchristlichen Zeiten. Denn der Name Sperenberg ist von sper abgeleitet, hat allerdings nichts mit einer Waffe zu tun, sondern bedeutet im Westslawischen Gips. Immerhin ist nachgewiesen, dass schon die Zisterziensermönche im Kloster Zinna ihre Kirche mit Gips aus Sperenberg verfugten.

Dass dieses Mineral in Sperenberg so konzentriert auftritt, ist für die Mark Brandenburg ein Einzelfall. Der Gipsberg ist vor 250 Millionen Jahren entstanden. Von einem »Gipshut« ist die Rede. Es war Kurfürst Joachim II., der im 16. Jahrhundert den Abbau und die Verarbeitung des Minerals vorantrieb. Der Dreißigjährige Krieg führte erst einmal zu einer Zwangspause. Nicht für alle Zeiten. Als man in Berlin und Potsdam Gips für Stuckschmuck an Decken und Wänden benötigte, war der Baustoff wieder gefragt. Mitte des 18. Jahrhunderts wurde ein Kanalsystem erschaffen, um den Gips kostengünstig auf dem Wasserweg zu transportieren. Die industrielle Revolution führte zu einem weiteren Aufschwung. Vier Tagebaue entstanden. Eine

Romantisch: ja – Baden: nein!

Drahtseilbahn brachte das Mineral zur weiteren Verarbeitung. 1907 wurden 10 000 Tonnen Gips gefördert. Riesige Hohlräume waren die Folge. Zwischen 1907 und 1924 sollen 200 000 Kubikmeter zusammengekommen sein. Doch nicht nur rein wirtschaftliche Interessen verfolgte man. In Sperenberg wurde das tiefste Bohrloch der Welt in die Erde gebracht. Im September 1871 erreichte man 1271,60 Meter. Das bedeutete 15 Jahre lang Weltrekord.

Die Stilllegung von 1924 wurde nach dem Zweiten Weltkrieg wieder aufgehoben. Den Gips benötigte Ostdeutschland zum Wiederaufbau der zerstörten Städte und Dörfer. Bald war man gezwungen, den Betrieb erneut einzustellen. Die gleichen Probleme wie ein Vierteljahrhundert zuvor traten auf.

Inzwischen stehen der Sperenberger Gipshut und eine Fläche von 24 Hektar unter Naturschutz. Über den Gipsberg führt ein zwölf Kilometer langer Lehrpfad. Auf der Anhöhe befindet sich ein Aussichtsturm. Die Stille am See lädt zum Mit-der-Seele-Baumeln ein. Doch es wird davor gewarnt, die Ufer der gefluteten Gipsgruben zu betreten – es besteht Einbruchgefahr. Baden ist ohnehin verboten.

Binnendüne

Ein irrer Duft von Ostseestrand

Storkow

48 Es gibt sie wirklich noch – Überraschungen am Rande des Weges. Naturdenkmale, die man erst auf den zweiten Blick findet. Oder von denen man genau wissen muss, wo man sie suchen soll.

Wer vermutet schon einige Dutzend Kilometer südlich Berlins die wohl größte Binnendüne von ganz Deutschland? Sie liegt in unmittelbarer Nähe der kleinen märkischen Stadt Storkow. Nicht einmal im nahe gelegenen Bad Saarow können manche alteingesessene Einwohner mit dem Begriff Waltersberge etwas anfangen. Das war einmal anders. Seit Beginn des 20. Jahrhunderts wurde hier Sand abgebaut. Industriemäßig – sogar mit einem Eimerkettenbagger. Im Kalksandsteinwerk Storkow fanden bis zu 250 Menschen Lohn und Brot. Um die Bausteine zu produzieren, wurde Kalk aus Rüdersdorf bei Strausberg angeliefert. Auf dem Wasserweg über ein Kanalsystem. Drei Dampfschlepper und fast 20 Lastkähne standen dem Unternehmen zur Verfügung. In Blütezeiten verließen täglich 250 000 Steine das Werk. Die meisten wurden nach Berlin gebracht. Vor allem beim Bau der U-Bahn fanden die weißen Steine Verwendung. Im Laufe der Jahre wurden vorsichtigen Schätzungen zufolge 300 000 Kubikmeter Sand abgetragen. Der Weinberg bei Storkow – im 18. Jahrhundert sollen aus dessen Trauben noch acht Fass gekeltert worden sein – ist völlig verschwunden. Damals hatte Friedrich der Große sein Veto gegen den Holzeinschlag in der Region eingelegt. Nicht weil er als Umweltschützer in die Geschichte eingehen wollte, sondern weil er ein kühler Rechner war und Schaden für die Staatskasse befürchtete. Noch sein Vater, der Soldatenkönig, hatte großflächig das Schlagen von Bau- und Brennholz zugelassen. Riesige Brachflächen entstanden. Um planmäßig Forstwirtschaft zu betreiben, ließ der Sohn dort Kiefern anpflanzen. Die Binnendüne bei Storkow gehört dazu.

Bis auf 70 Grad Celsius erwärmt sich der Dünensand.

Die heutigen Waltersberge sind in der Eiszeit vor knapp 24 000 Jahren entstanden. Gut 30 Meter erhebt sich der Sandwall über dem Storkower See. Wer von Storkow aus die Anhöhe ersteigt, wird an die Ostsee erinnert. Viel Ähnlichkeit haben die Strände von Rügen und Usedom mit der Binnendüne. Die Waltersberge genießen inzwischen als Naturschutzgebiet besondere Obhut. 16 Moosarten und 13 verschiedene Flechten sind hier zu finden. Auf dem sandigen Boden gedeiht vor allem Silbergras. Säugetiere haben es schwer, sich anzusiedeln. Bei intensivem Sonnenschein erwärmt sich der feine Sand auf 70 Grad Celsius, um sich in der Nacht wieder extrem abzukühlen. Ab und zu drehen Milane oder ein Bussarde am Himmel ihre Kreise. Im Frühjahr macht der Kuckuck auf sich aufmerksam. In den Kiefernbeständen rufen Zaunkönig und Goldammer. Das Klopfen von Spechten ist hören. Doch im Grunde ist die Düne das Reich der Ameisenlöwen. Sie sind auch das Maskottchen der Waltersberge.

Ameisenlöwen graben trichterförmige Gruben in den Sand und

Die größte Binnendüne Deutschlands hat manches gemeinsam mit Halbwüsten.

verstecken sich auf dem Grund der Vertiefung. Rutscht eine Ameise oder ein anderes Insekt in die »Tiefe«, so packt sie der Ameisenlöwe mit seinen kräftigen Kieferzangen und saugt sie aus. Man muss schon ziemlich genau hinschauen, um Augenzeuge eines solchen Beutezuges zu werden. Im Gegensatz zu ihren Namensvettern in den afrikanischen Savannen erreichen die Ameisenlöwen von Storkow gerade mal eine Länge von reichlich einem Zentimeter!

Heiligtum oder Waldweide?

Straupitz im Spreewald

49 Der »Gelehrtenstreit« hat in den letzten Jahren an Heftigkeit verloren. Inzwischen ist man sich weitgehend einig: Der Byttna-Hain bei Straupitz war über Jahrhunderte hinweg ein Weideplatz. Erst trieben slawische Bauern und später ihre deutschen Nachfolger Schweine, Schafe und Rinder in die Wälder zwischen Straupitz und Byhleguhre. 40 Stieleichen sollen es sein, die hier auf engstem Raum zu finden sind, eine Seltenheit im Land Brandenburg. Schon von der Landstraße aus ist die Florentinen-Eiche zu erkennen. Der seit langem abgestorbene Baum gilt als Wegweiser zum Zentrum des »Heiligtums«. Mit einem Stammesumfang von achteinhalb Metern gilt die Eiche als der dickste unter den Straupitzer Baumriesen.

Ein Themenweg führt zu den anderen uralten Eichen. Die Vorstellung liegt nahe, dass unter ihrem Schatten einst slawische Wenden die Götterwelt um Hilfe und Beistand baten. Vielleicht war eine Eiche Gottvater Perun gewidmet, dem Ranghöchsten der Götter. Demjenigen, der über Blitz und Donner herrschte, dem Trink- und Speiseopfer dargebracht wurden. Weiter im Osten sollen es sogar Menschenopfer gewesen sein! Eines haben Bodenfunde mit Sicherheit ergeben: Schon in der Bronzezeit war die Gegend besiedelt. Später, zur Germanenzeit, lebten hier die Burgunden, ein Volk, das während der Völkerwanderung weit in Richtung Westen verschlagen wurde.

In den 1950er Jahren fand man beim Pflügen in unmittelbarer Nähe einen Findling aus Granit. Der war von Menschenhand bearbeitet und gilt als Opferstein. Doch opferbereiten Slawen kann er nicht zugeordnet werden, ist es doch etwa 6000 Jahre her, dass unbekannte Steinmetze zugange waren. 1947 trat ein Heimatforscher mit einer interessanten These auf, die viel Zuspruch fand – nämlich dass es sich beim Byttna-Hain um eine Tempelburg handelt. Ähnlich

Der Name Florentinen-Eiche erinnert an die Ehefrau des einstigen Schlossbesitzers.

Ein romantischer Wanderweg führt durch den Byttna-Hain.

wie Arkona auf der Insel Rügen oder das spurlos verschwundene Heiligtum Rethra in der Nähe des heutigen Neubrandenburg. Ein mit Eichen bepflanzter Wall soll in Gefahrenzeiten Menschen und Vieh Schutz vor Feinden geboten haben. Vielleicht haben sich tatsächlich hinter der Befestigung Slawen gegen deutsche Siedler verteidigt. Das könnte Aufschluss über den Namen geben. Byttna hieß nämlich früher Bitwa. Als die ersten Landkarten vom Spreewald entstanden, unterlief offenbar einem der Autoren ein Missgeschick. Aus einem »w« wurde ein »n«! Das Wort Bitwa gibt es in vielen slawischen Sprachen, und es bedeutet Schlacht.

Die Namen der Bäume stammen jedenfalls nicht aus slawischer Zeit. Die Besitzer der Standesherrschaft Straupitz haben sie den Bäumen verliehen. Christoph von Houwald, ein sächsischer Tuchmacher-Sohn, der es im Dreißigjährigen Krieg zum General und zu sagenhaftem Reichtum gebracht hatte, kaufte den ausgedehnten Besitz. Es ist anzunehmen, dass es sich bei der Florentinen-Eiche um das Andenken an seine Ehefrau handelt, eine Geborene von der Beecke.

Eindeutig dagegen ist der Name Kaiser-Wilhelm-Eiche. Der erste Wilhelm ist gemeint. Zwar gibt es überall in Deutschland nach diesem Monarchen benannte Bäume, doch in der Niederlausitz haben solche Taufen besondere Bedeutung. Damit bekannte man sich zum neuen Herrscherhaus. Erst nach dem Wiener Kongress von 1815 gelangte das Gebiet an das Königreich Preußen-Brandenburg. Über Jahrhunderte hinweg hatte das sächsische Fürstenhaus hier regiert. Schon als Prinz hatte Wilhelm 1834 den Houwalds einen Besuch abgestattet. Und wo Willy I. auftauchte, war sein Eiserner Kanzler nicht weit entfernt. Und tatsächlich erinnern die Eichen auch an Fürst Otto von Bismarck.

Maulbeerbäume

Futter für die Seidenraupen

Zernikow bei Rheinsberg

50 Dieser Michael Gabriel Fredersdorff war ein Untertan, wie man ihn sich nicht besser wünscht. Da war sich Friedrich II. offenbar absolut sicher. Außerdem hatte sich der Mann aus Gartz an der Oder als mutig und treu erwiesen. Als Friedrich von seinem Vater auf die Festung Küstrin verbannt worden war, versuchte der Kronprinz, durch Musizieren seinen Kummer zu unterdrücken. Der Musketier Fredersdorff begleitete Friedrichs Flötenspiel auf der Oboe. Obwohl das dem Grenadier auf allerhöchsten Befehl verboten war. Wieder in Freiheit, machte Friedrich Fredersdorff zu seinem Kammerdiener. Mehr noch – zu seinem engsten Vertrauten. Nur so ist es zu erklären, dass der junge König noch im Jahr der Thronbesteigung seinem Kammerdiener das Gut Zernikow schenkte.

Die Maulbeerbäume sind ähnlich den Geistern aus der Märchen- und Sagenwelt.

Um die Allee für kommende Generationen zu bewahren, ist Baumpflege gefragt.

Der Besitz liegt etwa ein Dutzend Kilometer von Rheinsberg entfernt. Ein barockes Herrenhaus und andere Gebäude haben sich aus dieser Zeit in die Gegenwart herübergerettet. Kaum Herr auf Zernikow, setzte Fredersdorff die Anweisungen seines Landesherrn um. Da war der Seidenraupen-Erlass. Oder sollte man sagen: Maulbeerbaum-Erlass. Jedenfalls befahl Friedrich, den man später den Großen nennen sollte, in Brandenburg die Seidenproduktion einzuführen. Damit wollte er sein Land unabhängig von teuren Importen machen. Dafür aber benötigte man Seidenraupen, aus deren Kokons die Fäden entstanden. Die Raupen des Seidenspinners verlangten spezielles Futter – Blätter des Maulbeerbaumes. Diese Bäume mussten aber erst gepflanzt werden. Allein in Zernikow zählte man zu Zeiten Fredersdorffs 8000 Stück. Von denen haben 20 überdauert. Etwa einhundert junge Bäume kamen dazu. Man findet sie an der Straße in Richtung Zernikower Mühle. Diese Allee ist einzigartig in Deutschland. Im Gasthaus, dem einstigen Inspektorenhaus, ist in der Saison eine kleine Ausstellung über Seidenraupenzucht zu sehen. Mit lebenden Exponaten. Obwohl Friedrichs Vorstellungen nach anfänglichen Erfolgen

Maulbeeren – ein Leckerbissen für Seidenraupen

am Ende doch nicht aufgegangen sind, verbuchte man in Zernikow sogar Gewinne. In den 30er Jahren des letzten Jahrhunderts wurde das Projekt deutschlandweit wieder aufgegriffen. Im vogtländischen Plauen arbeitete in den 50er Jahren eine der größten und modernsten Naturseidenspinnereien Europas.

Gegen die Konkurrenz aus Fernost hatte man aber keine Chance. Hundert Jahre nach Fredersdorff war Theodor Fontane von Zernikow tief beeindruckt. Über Friedrichs Kammerdiener notierte er: »Er fand eine vernachlässigte Sandscholle vor und hinterließ ein wohlkultiviertes Gut.« Im deutschen Nordosten erwähnt man Maulbeeren eigentlich nur im Zusammenhang mit Seidenraupen. Dabei ist auch das Holz gefragt. Es gilt als hart und dauerhaft. Deshalb wird es im Mittelmeerraum zur Herstellung von Fässern verwendet. Dort greift man am Morgen auch zur Maulbeermarmelade. In Österreich und Ungarn wird aus Maulbeeren ein hochprozentiger Schnaps gebrannt. Als Marktfrucht ist die Maulbeere eher wenig geeignet. Aber wer einen Baum auf seinem Grundstück stehen hat, der schwärmt von frischen gezuckerten Maulbeeren als Kompott.

Anhang

Auswahl verwendeter Literatur

Drewitz, Ingeborg: Märkische Sagen. Ullstein Verlag, Berlin, 1990.

Fontane, Theodor: Bilder und Balladen. Verlag Philipp Reclam jun., Leipzig, 1984.

Fontane, Theodor: Wanderungen durch die Mark Brandenburg. Aufbau Verlag, Berlin/Weimar, 1987.

Franke, Lars: Spukgeschichten aus Berlin und Brandenburg. Steffen Verlag, Berlin, 2012.

Franke, Lars: Von Königseichen und Kirchenlinden. Kopfweide Verlag, Wulkow, 2008.

Lemke, Karl/Müller, Hartmut: Naturdenkmale. Tourist Verlag, Berlin/Leipzig, 1988.

Müller-Kaspar, Ulrike (Hrsg.): Handbuch des Aberglaubens. Bechtermünz Verlag, Augsburg, 1996.

Rasmus, Carsten/Rasmus, Bettina: NaTouren rund um Berlin. KlaRas Verlag, Berlin, 2008.

Rasmus, Carsten: Naturpark Nuthe-Nieplitz-Auen. KlarRas Verlag, Berlin, 1998.

Rasmus, Carsten/Klaehne, Bettina: Naturpark Westhavelland. KlaRas Verlag, Berlin, 2000.

Peters, Jürgen/Eisenfeld, Jan: Von Schwedenlinden, Findlingen und Rummeln. Ministerium für Ländliche Entwicklung, Umwelt und Verbraucherschutz des Landes Brandenburg, Potsdam, 2014.

Zuckschwerdt, Reinhild: Die schwarzen Führer Berlin-Brandenburg. Eulen Verlag, Freiburg, 1999.

Bildnachweis

Alle Aufnahmen von Lars Franke, außer:

Engel, Karl-Heinz   S. 49, 75, 76

schankz - Fotolia   Titelseite, großes Bild

Stelzer, Christine   S. 125, 126

wikipedia S. 11 [„Alt Placht church" von Doris Antony, Berlin – photo taken by Doris Antony. Lizenziert unter CC BY-SA 3.0 über Wikimedia Commons – https://commons.wikimedia.org/wiki/File:Alt_Placht_church.jpg#/media/File:Alt_Placht_church.jpg], 16 [„Altfriedland church" von Doris Antony, Berlin – photo taken by Doris Antony. Lizenziert unter CC BY-SA 3.0 über Wikimedia Commons – https://commons.wikimedia.org/wiki/File:Altfriedland_church.jpg#/media/File:Altfriedland_church.jpg], 26 [„Kohlhaseiche Tafel" von Memorino – Eigenes Werk. Lizenziert unter CC BY-SA 3.0 über Wikimedia Commons – https://commons.wikimedia.org/wiki/File:Kohlhaseiche_Tafel.jpg#/media/File:Kohlhaseiche_Tafel.jpg], 29 [„Berlin Teufelssee" von Doris Antony, Berlin – Eigenes Werk. Lizenziert unter GFDL über Wikimedia Commons – https://commons.wikimedia.org/wiki/File:Berlin_Teufelssee.jpg#/media/File:Berlin_Teufelssee.jpg], 35 [„Murellenteich 1 Berlin" von Lienhard Schulz – Eigenes Werk. Lizenziert unter CC BY-SA 3.0 über Wikimedia Commons – https://commons.wikimedia.org/wiki/File:Murellenteich_1_Berlin.JPG#/media/File:Murellenteich_1_Berlin.JPG], 61 [„BrodowinPlagefenn" von Uckermaerker – Eigenes Werk. Lizenziert unter CC BY-SA 3.0 über Wikimedia Commons – https://commons.wikimedia.org/wiki/File:BrodowinPlagefenn.jpg#/media/File:BrodowinPlagefenn.jpg], 72 [„Schoppe-Markgrafenstein" von gez. von Julius Schoppe (1795–1868), lith. von Tempeltey – unbekannt. Lizenziert unter Gemeinfrei über Wikimedia Commons – https://commons.wikimedia.org/wiki/File:Schoppe-Markgrafenstein.jpg#/media/File:Schoppe-Markgrafenstein.jpg], 87 [„Hagelberg". Über Wikibooks – https://de.wikibooks.org/wiki/Datei:Hagelberg.jpg#/media/File:Hagelberg.jpg], 95 oben [„Mallnow Adonis" von Mazbln – Eigenes Werk. Lizenziert unter CC BY-SA 3.0 über Wikimedia Commons – https://commons.wikimedia.org/wiki/File:Mallnow_Adonis.JPG#/media/File:Mallnow_Adonis.JPG], 130 [„Rönnebeck (Brandenburg) church E 2015" von Hans G. Oberlack – Eigenes Werk. Lizenziert unter CC-BY-SA 4.0 über Wikimedia Commons – https://commons.wikimedia.org/wiki/File:R%C3%B6nnebeck_(Brandenburg)_church_E_2015.jpg#/media/File:R%C3%B6nnebeck_(Brandenburg)_church_E_2015.jpg], 141 [„Sperenberg 6" von Leila Paul – Eigenes Werk. Lizenziert unter CC BY-SA 3.0 über Wikimedia Commons – https://commons.wikimedia.org/wiki/File:Sperenberg_6.jpg#/media/File:Sperenberg_6.jpg], 143 [„Sperenberg 10" von Leila Paul – Eigenes Werk. Lizenziert unter CC BY-SA 3.0 über Wikimedia Commons – https://commons.wikimedia.org/wiki/File:Sperenberg_10.jpg#/media/File:Sperenberg_10.jpg], 153 [„Morus nigra – Fruits in different stages of ripeness" von Genet in der Wikipedia auf Deutsch. Lizenziert unter CC BY-SA 3.0 über Wikimedia Commons – https://commons.wikimedia.org/wiki/File:Morus_nigra_-_Fruits_in_different_stages_of_ripeness.jpg#/media/File:Morus_nigra_-_Fruits_in_different_stages_of_ripeness.jpg]

Unterwegs zu lebenden Naturdenkmalen

Karl-Heinz Engel

Baumriesen zwischen Berlin und Rügen

208 Seiten, 75 Abbildungen, Flexocover
ISBN 978-3-942477-38-3, 14,95 €

Baumriesen sind das Gewaltigste, was belebte Natur hierzulande
hervorbringt. Wer durch den Nordosten Deutschlands reist, begegnet
ihnen so häufig wie in keinem anderen Teil der Bundesrepublik.
Dieses Buch stellt die eindrucksvollsten Bäume vor. Sie weisen das
spektakuläre Maß von acht Meter Stammumfang und mehr auf. Zur
Liga der »Super-XL-Formate« zählen nicht nur Eichen, Linden,
Ulmen – die Buchen und Pappeln steuern ebenfalls Giganten bei.

Leseprobe auf www.steffen-verlag.de

Märchen aus Berlin und Brandenburg

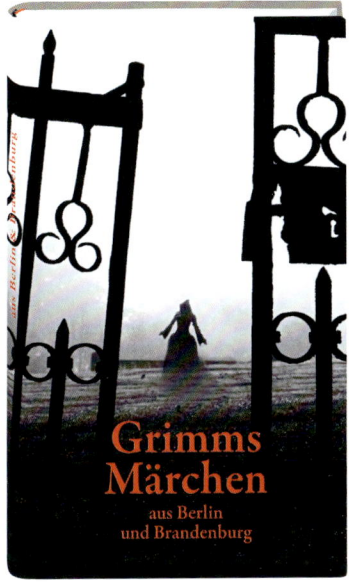

Helmut Borth

Grimms Märchen aus Berlin und Brandenburg

192 Seiten, hochwertige Ausstattung mit Leineneinband
ISBN 978-3-941683-17-4, 14,95 Euro

»Der kluge Knecht« oder »Der gläserne Sarg« sind Märchen aus der
Sammlung der Gebrüder Grimm. Helmut Borth hat die Urfassungen
von 20 Märchen neu aufgenommen und ihre Spuren nach Berlin und
Brandenburg verfolgt, in die Uckermark und insbesondere den
Beitrag der Familie von Arnim mit eingeschlossen.

Leseprobe auf www.steffen-verlag.de

Von Friedrichs Sanssouci bis Luises Paretz

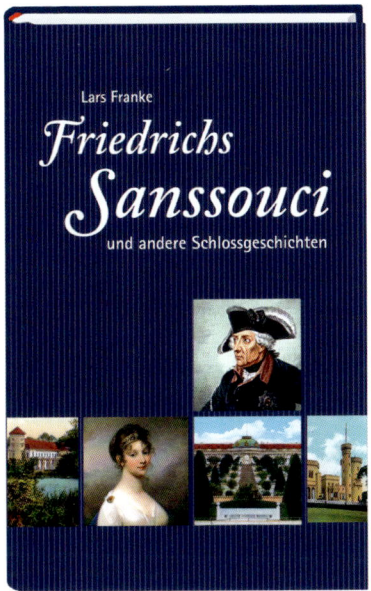

Lars Franke

Friedrichs Sanssouci
und andere Schlossgeschichten

136 Seiten, 57 Abbildungen, Flexocover
ISBN 978-3-942477-19-2, 12,95 Euro

Autor Lars Franke hat zahlreiche bekannte und vor allem weniger bekannte Schlossgeschichten der Hohenzollern recherchiert und niedergeschrieben. Entstanden ist ein unterhaltsames Abbild der preußischen Dynastie vor, mit und nach Friedrich dem Großen. Und so fehlen natürlich auch Namen wie Königin Luise, Kaiser Wilhelm I. und Wilhelm II. nicht – illustre Geschehnisse eingeschlossen.

Leseprobe auf www.steffen-verlag.de

Umschlagfotos:

Titelseite:

    Großes Foto: Weiße Maulbeere

    Markgrafensteine (Fürstenwalde)

    Florentinen-Eiche (Straupitz im Spreewald)

    Kurfürstenquelle (Bad Freienwalde)

Rückseite:

    Auwald (Plessa bei Elsterwerda)

    Traubeneiche »Dicke Marie« (Berlin-Tegel)

    Mellensee (Lychen in der Uckermark)

Die Deutsche Nationalbibliothek verzeichnet diese Publikation
in der Deutschen Nationalbibliografie;
detaillierte bibliografische Daten sind im Internet über
http://dnb.d-nb.de abrufbar.

1. Auflage 2016
© Steffen Verlag | Steffen GmbH
Berliner Allee 38, 13088 Berlin, Tel. (030) 41 93 50 08
info@steffen-verlag.de, www.steffen-verlag.de

Herstellung: Steffen Media | Steffen GmbH
Mühlenstraße 72, 17098 Friedland
www.steffen-media.de

ISBN 978-3-95799-011-2